人民防空工程设计百问百答丛书暨人防工程技术人员培训教材

总 顾 问　钱七虎

总 主 编　郭春信　王晋生

副总主编　陈力新

总 主 审　李刻铭

人民防空工程电气与智能化设计百问百答

郝建新　徐其威　曾宪恒　电气主编

王双庆　王　川　智能化主编

葛洪元　主　　审

中国建筑工业出版社

图书在版编目（CIP）数据

人民防空工程电气与智能化设计百问百答 / 郝建新
等主编 . —北京：中国建筑工业出版社，2022.10（2023.10重印）
人民防空工程设计百问百答丛书暨人防工程技术人员
培训教材 / 郭春信，王晋生总主编
ISBN 978-7-112-27779-7

Ⅰ.①人… Ⅱ.①郝… Ⅲ.①人防工程—电气设备—
建筑设计—问题解答②人民防空—建筑工程—智能建筑—
自动化系统—系统设计—问题解答 Ⅳ.① TU927-44

中国版本图书馆 CIP 数据核字（2022）第 154892 号

　　本书是《人民防空工程电气与智能化设计百问百答》分册，主要按如下 10 个方面对本专业问题
进行分类：基础理论，电源，配电，线路敷设，照明，接地，柴油电站，通信，医疗救护工程，智能化。
本书主要按现行《人民防空地下室设计规范》《人民防空医疗救护工程设计标准》等规范，结合工程
实际和基础理论对设计问题进行了解答。

责任编辑：齐庆梅
文字编辑：白天宁
责任校对：董　楠

人民防空工程设计百问百答丛书暨人防工程技术人员培训教材
总 顾 问　钱七虎
总 主 编　郭春信　王晋生
副总主编　陈力新
总 主 审　李刻铭
人民防空工程电气与智能化设计百问百答
郝建新　徐其威　曾宪恒　电气主编
王双庆　王　川　智能化主编
葛洪元　主审
*
中国建筑工业出版社出版、发行（北京海淀三里河路 9 号）
各地新华书店、建筑书店经销
北京雅盈中佳图文设计公司制版
建工社（河北）印刷有限公司印刷
*
开本：787 毫米 × 1092 毫米　1/16　印张：12$\frac{1}{2}$　字数：269 千字
2022 年 12 月第一版　2023 年 10 月第二次印刷
定价：55.00 元
ISBN 978-7-112-27779-7
（39575）

《人民防空工程设计百问百答丛书暨人防工程技术人员培训教材》编审委员会

总顾问：钱七虎

总主编：郭春信　王晋生

副总主编：陈力新

总主审：李刻铭

《人民防空工程建筑设计百问百答》

主编：陈力新

副主编：李洪卿　吴吉令

主审：田川平

《人民防空工程结构设计百问百答》

主编：曹继勇　王风霞　杨向华

主审：张瑞龙　袁正如　柳锦春

《人民防空工程暖通空调设计百问百答》

主编：郭春信　王晋生

主审：李国繁　李宗新

《人民防空工程给水排水设计百问百答》

主编：丁志斌

副主编：张晓蔚　徐　林

主审：陈宝旭

《人民防空工程电气与智能化设计百问百答》

电气主编：郝建新　徐其威　曾宪恒

智能化主编：王双庆　王　川

主审：葛洪元

《人民防空工程防化设计百问百答》

主编：韩　浩　徐　敏

主审：史喜成　朱传珍　高学先

《人民防空工程通风空调与防化监测设计及实例》

主编：郭春信　王晋生

副主编：陈　瑶

主审：李国繁　徐　敏

《人民防空工程建筑设计及实例》（规划编写中）
《人民防空工程结构设计及实例》（规划编写中）
《人民防空工程给水排水设计及实例》（规划编写中）
《人民防空工程电气与智能化设计及实例》（规划编写中）

参编单位：
陆军工程大学（原解放军理工大学、工程兵工程学院）
军事科学院国防工程研究院
军事科学院防化研究院
陆军防化学院
中国建筑标准设计研究院有限公司
上海市地下空间设计研究总院有限公司
青岛市人防建筑设计研究院有限公司
江苏天益人防工程咨询有限公司
上海结建规划建筑设计有限公司
中拓维设计有限责任公司
南京龙盾智能科技有限公司
山东省人民防空建筑设计院有限责任公司
黑龙江省人防设计研究院
四川省城市建筑设计研究院有限责任公司
上海民防建筑研究设计院有限公司
浙江金盾建设工程施工图审查中心
中建三局集团有限公司人防与地下空间设计院
新疆人防建筑设计院有限责任公司
南京优佳建筑设计有限公司
江苏现代建筑设计有限公司
江西省人防工程设计科研院有限公司
云南人防建筑设计院有限公司
中信建设有限责任公司
安徽省人防建筑设计研究院
南通市规划设计院有限公司
广西人防设计研究院有限公司
郑州市人防工程设计研究院
成都市人防建筑设计研究院有限公司
中防雅宸规划建筑设计有限公司
南京慧龙城市规划设计有限公司
四川科志人防设备股份有限公司

《人民防空工程电气与智能化设计百问百答》
编审人员

序

在当前国内外复杂多变的形势下，搞好人民防空各项工作具有重要的战略和现实意义。随着我国国民经济的持续发展，人民防空各项工作与城市经济和社会一同发展，各省区市结合城市建设和地下空间开发利用，建设了一大批人民防空工程。经过几十年不懈努力，各省区市的人均战时掩蔽面积有了较大提高，各类人民防空工程布局更加合理，建设质量明显提高，城市的综合防护能力也有较大提升。

人民防空工程标准、规范为工程建设提供了依据，但从业人员在实际工作中对现行标准、规范的执行和尺度把握仍有较多疑问，这些问题长期困扰从业人员，严重影响了工程质量。整个行业急需系统梳理存在的问题，并经过广泛研究讨论，做出公开、权威性的解答。基于以上情况，2018年底原解放军理工大学郭春信教授和王晋生教授倡议编著这套丛书。该丛书邀请了国内30多家人防专业设计院所的200多名专家组成丛书编审委员会，依托"人防问答"网，全面系统梳理一线从业人员提出的问题，组织专家讨论和解答问题，并在此基础上编著成这套丛书的六个问答分册。同时，把已解决的问题融入现有设计理论体系，配套编著各专业的设计及实例图书，方便设计人员全面系统学习。

这套丛书的特点是：问题来自一线从业人员；回答时尽量给出具体方法并举例示范；解释时能将理论与实际结合起来；配套完整设计方法与实例；使专业人员一看就懂，一看就能用。这是一套不可多得的人防工程建设指导丛书。这套丛书的出版对提高我国人民防空工程建设质量将起到积极的推动作用。

国家最高科学技术奖获得者
中国工程院院士

2021 年12月28日

前 言

俄乌冲突爆发、台海局势紧张都表明当前国际形势复杂多变，和平发展随时可能受到战争威胁。在此形势下，搞好人防工程建设具有重要意义。高水平设计是人防工程高质量建设的保证，但由于人防工程及其行业管理体制的特殊性，从业人员在长期设计中积累了许多问题，这给实际工作带来诸多困难，严重影响了人防工程的高质量建设，行业迫切需要全面梳理存在的问题，并做出公开、权威解答。

由于行业需要，2018年底原解放军理工大学郭春信教授和王晋生教授倡议编著《人民防空工程设计百问百答丛书暨人防工程技术人员培训教材》。倡议一经提出，就在行业内得到广泛响应，迅速成立了由陆军工程大学（原解放军理工大学、工程兵工程学院）、军事科学院国防工程研究院、军事科学院防化研究院、陆军防化学院、中国建筑标准设计研究院和各省区市主要人防设计院的200多名专家、专业负责人或技术骨干组成的编审委员会。编审委员会以"人防问答"网为问答交流平台，在行业内广泛收集问题并组织讨论。历时四年，共收集到2400多个问题，4000多个回答。因为动员了全行业参与，所以问题覆盖面广，讨论全面深入，解决了许多疑难问题，澄清了大量模糊认识，就许多问题达成了广泛专业共识，为编写修订相关规范或标准提供了重要参考和建议。编审委员会以此为基础，编著成建筑、结构、暖通空调、给水排水、电气与智能化、防化6个百问百答分册，主要解决各专业的疑难问题。百问百答分册知识点比较分散，为方便技术人员系统学习，本套丛书还增加建筑、结构、通风空调与防化监测、给水排水、电气与智能化各专业的设计及实例图书5册，把百问百答分册解决的问题融合进去，系统阐述应该如何设计并举例示范。这样，本套丛书既有对设计疑难点的深入分析，又有对设计理论和实践的系统阐述，知识体系比较完整，适宜作培训教材使用。本套丛书共计11册，编著工作量很大，目前6本百问百答分册和《人民防空工程通风空调与防化监测设计及实例》已经完稿，此次以上7本同时出版，其他专业设计及实例图书后续出版。

本套丛书主要面向全国人防工程设计、施工图审查、施工、监理、维护管理和质量监督等相关技术人员，是一套实用性和理论性都很强的技术指导书，既可作为工具书，也可作为培训教材，对人防工程科研人员也有一定的参考价值。

本套丛书编写过程中，得到了陆军工程大学校友和"人防问答"网会员的支持，得到了参编单位的大力支持，得到了国家人民防空办公室相关领导的肯定和支持，特别是得到丛书总顾问国家最高科学技术奖获得者、八一勋章获得者、中国工程院院士钱七虎教授的指导和帮助，在此深表感谢！

本书是《人民防空工程电气与智能化设计百问百答》分册，主要按如下 10 个方面对本专业问题进行分类：基础理论，电源，配电，线路敷设，照明，接地，柴油电站，通信，医疗救护工程，智能化。本书主要按现行《人民防空地下室设计规范》《人民防空医疗救护工程设计标准》等规范，结合工程实际和基础理论对设计问题进行了解答，也指出了现行规范的部分错漏，提出了修订建议。

　　由于编者水平有限，错误和疏漏在所难免，广大读者可以登录"人防问答"网或关注"人防问答"微信公众号反馈意见、批评指正。如有新问题也可在该网或公众号上提出，我们将在再版时对本套丛书进行修订和充实。

编者

2022 年 8 月

目 录

第 1 章
基本理论

1. 什么是"人防工程"?

人防工程是人民防空工程的简称,有时也称人防工事、民防工程等,是为保障人民生命财产安全而修建的防护工程,包括为战时的人员和物资掩蔽、人民防空指挥、医疗救护需要而单独修建的地下防护建筑,以及结合地面建筑修建的战时可用于防空的地下室。

人防工程是防备敌人突然袭击,有效地掩蔽人员和物资,保存战争潜力的重要设施;是坚持城镇战斗,长期支持反侵略战争直至胜利的工程保障。

2. 人防工程如何划分等级?

按抗力等级划分,可分为防常规武器1、2、3、4、5、6六个等级,防核武器1、2、2B、3、4、4B、5、6、6B九个等级,工程可直接称为某级人防工程。

按战时用途划分,可分为指挥工程、医疗救护工程、防空专业队工程、人员掩蔽工程、配套工程等,其中配套工程主要包括:区域电站、区域供水站、人防物资库、人防汽车库、食品(药品)站、生产车间、人防交通干(支)道、警报站、核生化检测中心等工程。

按平时用途划分,可分为停车库、商场、医院、旅馆、餐厅、展览厅、公共娱乐场所、健身体育场所等。

按防化等级划分,可分为甲、乙、丙、丁、戊(戊级是指设有一道防护密闭门并能实现隔绝式防护的工程)五个等级。

按武器防护要求划分,可分为甲类防空地下室(设计必须满足其预定的战时对核武器、常规武器和生化武器的各项防护要求)、乙类防空地下室(设计必须满足其预定的战时对常规武器和生化武器的各项防护要求)。

3. 人防工程有哪些类型?

如图1-1所示,按照施工方法和所在环境条件进行人防工程分类,人防工程可分为：坑道式、地道式、掘开式和附建式。

（1）坑道式：建筑于山地或丘陵地，其大部分主体地面与出入口基本呈水平的暗挖式人防工程。

（2）地道式：建筑于平地，其大部分主体地面明显低于出入口的暗挖式人防工程。

（3）掘开式：采用明挖法施工建造，其上方没有永久性地面建筑的人防工程，也称单建掘开式。

（4）附建式：具有战时防空能力的地下室。即采用明挖法施工建造，而且在其上方建有永久性地面建筑的人防工程。

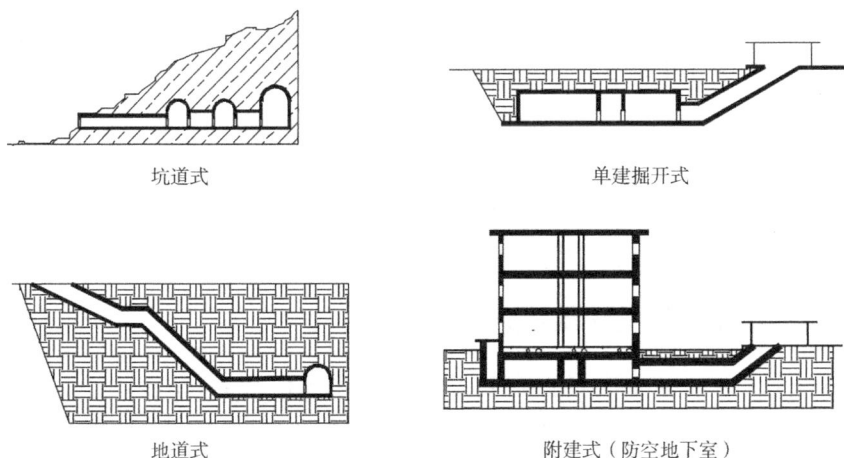

坑道式

单建掘开式

地道式

附建式（防空地下室）

图 1-1　按照施工方法和所在环境条件人防工程分类

4. 电力系统的双重电源认定依据？

电力系统的双重电源可以是分别来自不同电网（上级变电所）的电源，或来自同一电网（同一变电所，不同变压器）但在运行时电路互相之间联系很弱，一个电源系统任意一处出现异常运行时或发生短路故障时，另一个系统电源仍能不中断供电。这样的电源都可视为双重电源。

有时可认为来自不同的上一级两个变压器后的馈电柜的电源，一个电源系统停电，而另一个电源系统不应同时停电的两个电源系统就可以认定是双重电源。

5. 应急电源与备用电源的区别？

应急电源又称为安全设施电源，是用作应急供电系统组成部分的电源。应急供电系统又称为安全设施供电系统，是用来维持电气设备和电气装置运行，以及为了人体的健康和安全，避免对环境或其他设备造成损失的供电系统。

备用电源是指当正常电源断电时，由于非安全原因用来维持电气装置或其某些部分所需的电源。

6. 标称电压、最高电压、额定电压有什么区别?

电力系统的标称电压是电气网络、电气装置、电气回路名义上的电压,是根据国民经济发展的需要、经济技术上的合理性、电气设备制造工业水平和发展趋势等一系列因素,经全面分析研究,综合衡量比较,由国家统一制定颁布。标称电压等级不宜过多,否则会影响电气设备生产的系列化、标准化和生产规模,增加线路损耗,使电力网络复杂化。

电力系统最高电压是在正常运行条件下,在电力系统的任何时间和任何点上出现的电压的最高值(均方根值),不包括瞬变电压,如系统的开关操作及暂态的电压波动所出现的电压值。

额定电压分为用电设备额定电压和供电设备额定电压。用电设备额定电压是电气设备制造商用来说明设备性能而给设备标定的电压,是指能使电气设备长期安全、稳定运行,并能获得最佳经济效果的电压。供电设备额定电压是指供电电源的额定电压,包括蓄电池、交直流发电机和电力变压器等供电设备。

7. 何谓低压配电系统的接地形式?

低压配电系统的接地形式分为 TN 系统、TT 系统和 IT 系统。

TN 系统的电源端中性点直接接地,电气装置的外露可导电部分均接引自电源端中性点的公共保护接地线(PE 线)。TN 系统又分为 TN-C 系统、TN-S 系统和 TN-C-S 系统三种形式,如图 1-2 所示。

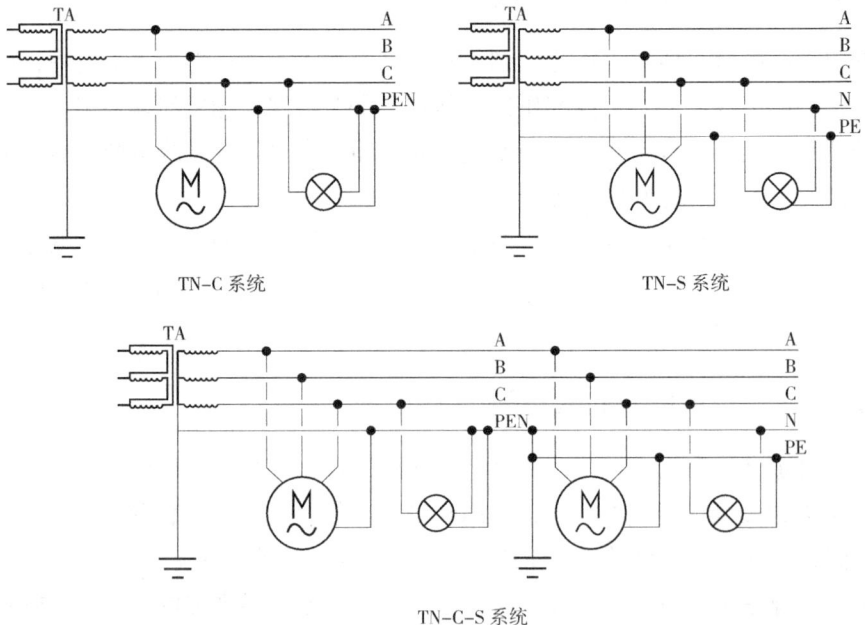

TN-C 系统　　　　　　　　TN-S 系统

TN-C-S 系统

图 1-2　TN 系统

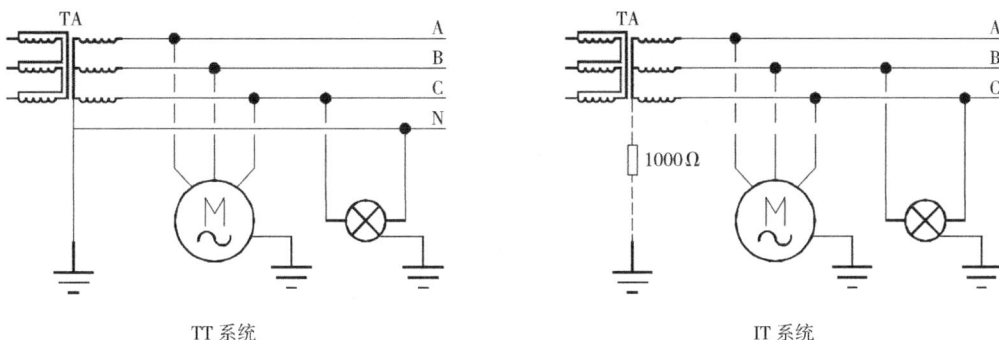

图 1-3　TT 系统和 IT 系统

TT 系统的电源端中性点直接接地，电气装置的外露可导电部分都各自经 PE 线单独直接接地，如图 1-3 所示。

IT 系统的电源端中性点不接地或经高阻抗接地，电气装置的外露可导电部分都各自经 PE 线单独直接接地，如图 1-3 所示。

8. 负荷计算时设备功率如何统计？

单台用电设备功率取值的原则是简单方便。单台用电设备功率换算的基本原则是：不同工作制用电设备的额定功率统一换算为连续工作制的功率；不同物理量的功率统一换算为有功功率。

（1）连续工作制电动机的设备功率等于额定功率。

（2）周期工作制电动机的设备功率是将额定功率一律换算为负载持续率 100% 的有功功率，常见的周期工作制电动机是起重机用电动机。

$$P_e = P_r \sqrt{\varepsilon_r}$$

式中　P_e——统一负载持续率的有功功率（kW）；

　　　P_r——电动机额定功率（kW）；

　　　ε_r——电动机额定负载持续率。

（3）短时工作制电动机的设备功率是将额定功率换算为连续工作制的有功功率。常见的短时工作制电动机是交流电梯用电动机，但在设计阶段难以得到确切数据，还宜考虑其频繁启动和制动。按电梯工作情况分为"较轻、频繁、特重"，分别按 $\varepsilon \approx 15\%$、$\varepsilon \approx 25\%$、$\varepsilon \approx 40\%$ 考虑。

把短时工作制电动机近似地看作周期工作制电动机，再用（2）中公式换算。0.5h 工作制电动机可按 $\varepsilon \approx 15\%$ 考虑，1h 工作制电动机可按 $\varepsilon \approx 25\%$ 考虑。

（4）电焊机的设备功率是将额定容量换算到负载持续率为 100% 的有功功率。

$$P_e = S_r \sqrt{\varepsilon_r} \cos\varphi$$

（5）电炉变压器的设备功率是额定功率因数时的有功功率。

$$P_e = S_r \cos\varphi_r$$

（6）整流器的设备功率取额定直流功率。

（7）以下电光源的设备功率应直接取灯功率（即输入功率）：①白炽灯，没有附件；②低压卤素灯，灯功率已含电子变压器功率损耗；③自镇流荧光灯，已含内装的镇流器功率损耗；④LED 灯，已含驱动电源功率损耗。

（8）以下电光源的设备功率应取总输入功率或灯功率加镇流器功率损耗：①荧光灯；②高压钠灯；③金卤灯。

用电设备组的设备功率是所有单个用电设备的设备功率之和，但不包括备用设备、专门用于检修的设备（如动力站房的起重机）和工作时间很短的设备（如电动闸阀）。

配电点的总设备功率应取所接入的各用电设备组设备功率之和，并注意以下问题：计算正常电源的负荷时，仅在消防时才工作的设备不应计入总设备功率；同一配电点内的季节性用电设备（如采暖设备和舒适性空调的制冷设备），应选取两者中较大者计入总设备功率；计算备用电源的负荷时，应根据负荷性质和供电要求，选取应计入的设备功率。

9. 人防工程计算负荷如何统计？

实际负荷是经常变动的。按发热条件选择导线和设备时，必须找出电路的等效负荷，使导体通过这一负荷时，其最高温升恰好与通过实际变动负荷时的最高温升相等，则我们把这一等效负荷称为计算负荷。需要系数法是人防工程供电设计中采用的计算方法。对于通信、防化负荷容量的计算可采取同时系数。

用电设备组的计算负荷中有功功率 $P_c=K_d P_e$，无功功率 $Q_c=P_c \tan\phi$；

配电干线或变电站的计算负荷中有功功率 $P_c=K_{\Sigma p}\sum(K_d P_e)$，无功功率 $Q_c=K_{\Sigma q}\sum(K_d P_e \tan\phi)$，$K_{\Sigma p}$ 可取 0.8~0.9，$K_{\Sigma q}$ 可取 0.93~0.97，用电设备数量越多，同时系数越小；

视在功率 $S_c=\sqrt{P_c^2+Q_c^2}$；

计算电流 $I_c=\dfrac{S_c}{\sqrt{3}U_n}$。

10. 人防工程常用的典型主接线？

如图 1-4 所示，人防工程常用的典型主接线有：

（1）单母线电气主接线；

（2）单母线分段电气主接线。

11. 交流电弧与直流电弧哪个容易熄灭？

交流电弧和直流电弧的基本区别在于交流电弧的电流每半周都要过零一次，此瞬间电弧自然熄灭，所以交流电弧每一个周期（2π 电角度）要暂时熄灭两次。如果在电流过零瞬间，采取有效措施，加强弧隙的去游离，使弧隙介质的绝缘能力达到

图 1-4　常用电气主接线

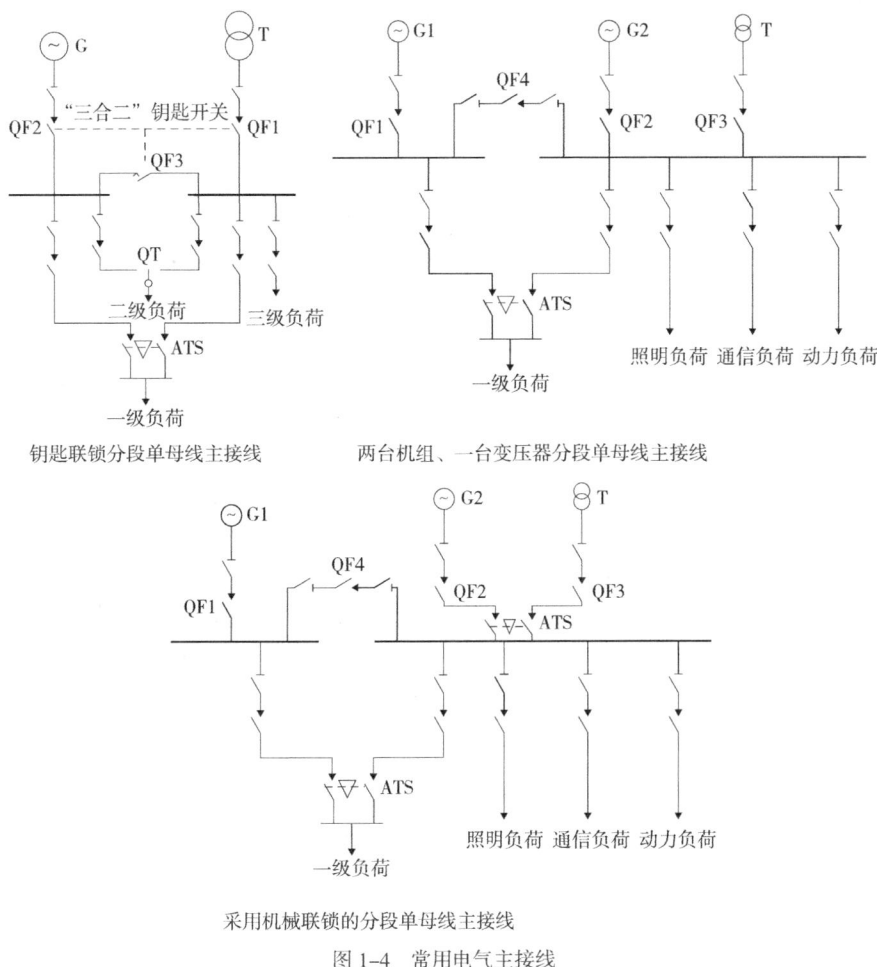

不被弧隙外加电压所击穿的强度，则电弧就不会重燃，而最终熄灭。显然，一般交流电弧比直流电弧容易熄灭。交流电弧电流过零时，是熄灭交流电弧的有利时机。

12. 什么是近阴极效应？

在电流过零前，弧隙空间充满着电子和正离子。当电流过零后，弧隙的电极极性发生了变化，这时，在弧隙间将形成一起始介质强度。当电流过零后 0.1~1μs 的极短时间内弧隙将出现大约 150~250V 的起始介质强度，这种现象称为近阴极效应。

13. 高压断路器有哪些主要参数？

高压断路器的主要参数有：

（1）额定电压 U_e

额定电压是指能保证断路器长期工作的标准电压（线电压）。断路器运行的最高工作电压可高于其额定电压的 10%~15%。断路器的额定电压体现了其绝缘等级和水平。

（2）额定电流 I_e

额定电流是指断路器在规定的温升下允许长期通过的电流。它与其长期允许温升有关。

（3）额定开断电流 I_{kd}

开断电流是指在给定电压和一定的功率因数下，断路器所能可靠开断而不致妨碍其继续工作的电流。在额定电压下，断路器能开断的最大电流，称为额定开断电流 I_{kd}，它表示断路器的灭弧能力。不同电压下，断路器能可靠切断的最大电流也不同。断路器能可靠切断的最大电流，称为断路器的极限开断电流。

（4）额定开断容量 S_{kd}

额定开断容量指断路器的额定开断电流 I_{kd} 与额定电压 U_e 的乘积，再乘以 $\sqrt{3}$ 所得的数值（对三相断路器），又称为额定断流容量，即：$S_{kd} = \sqrt{3}\, U_e I_{kd}$。

（5）极限通过电流峰值 i_f 和有效值 I_j

断路器在合闸位置允许通过的最大电流称为极限通过电流。断路器通过此电流时，应能经受其电动力的作用，并不致发生触头的熔结和其他妨碍断路器正常工作的损坏现象。

（6）热稳定电流 I_t

热稳定电流是指在短时间 t（如 0.1s、1s、4s、5s 等）内允许通过断路器的最大电流（均方根值），它所产生的温升不超过导体的短时允许温升。它是断路器热稳定校验的容许指标。

（7）固有分闸时间 t_{gu}

固有分闸时间是指从分闸线圈通电起，至触头刚分开的一段时间。

14. 弹簧储能操动机构的结构原理是什么？

弹簧储能操动机构，可以利用交流或直流电动机，也可以手动拉伸合闸弹簧储能，储能终了时合闸弹簧被锁扣机构锁住，如图 1-5 所示。

合闸时，接通合闸线圈或按动合闸衔铁，锁扣机构解脱，合闸弹簧被释放，在弹簧力的作用下使输出轴旋转或拉动输出连杆，使断路器合闸。自动储能状态下，断路器合闸以后，行程开关动作，电动机的电源接通，合闸弹簧再一次储能，准备下一次合闸。

分闸时，跳闸线圈通电（或按动跳闸衔铁），维持机构释放，在跳闸弹簧作用下，断路器跳闸。

15. 接触器的工作原理是什么？

交流接触器的原理接线如图 1-6 所示。图中 QK 为刀开关，FU 为熔断器，M 为

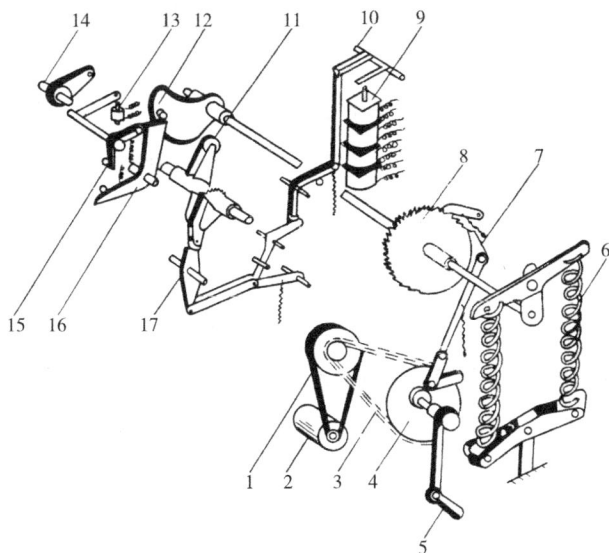

图 1-5 弹簧储能操动机构图示

1—传动皮带；2—储能电动机；3—链条；4—偏心轮；5——手柄；6—合闸弹簧；7—棘爪；8—棘轮；
9—脱扣器；10—连杆；11—拐臂；12—凸轮；13—合闸电磁铁；14—输出轴；15—挚子；16—杠杆；17—连杆

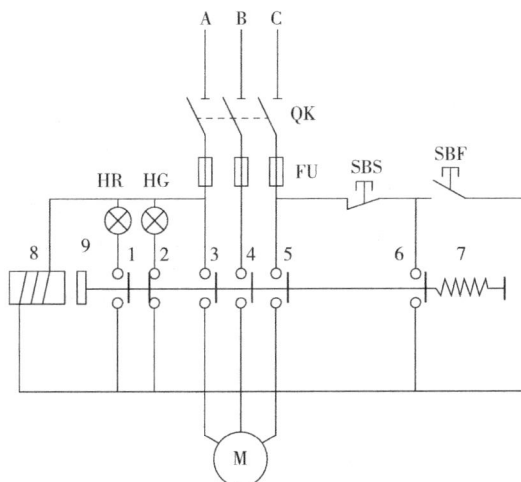

图 1-6 接触器控制原理

1、2、6—辅助触头；3、4、5—主触头；7—弹簧；8—铁芯线圈；9—衔铁

电动机，HR、HG 分别为红、绿指示灯，SBF、SBS 分别为起动、停止按钮，其余都是交流接触器的组成部分。

当按下 SBF 时，铁芯线圈 8 通电，铁芯被磁化成电磁铁，将衔铁 9 吸引，克服弹簧 7 的反作用力，使主触头 3、4、5 闭合，接通电路，同时也使辅助触头 1、6 闭合，分别使 HR 亮和线路自锁，维持电路接通。

当按下 SBS 时，铁芯线圈 8 断电，衔铁 9 释放，在弹簧 7 拉力作用下使主触头 3、4、5 分开，断开主电路。辅助触头 6 分开，自锁打开，同时辅助触头 1 断开而辅助触头 2 闭合，使 HR 灭，HG 亮。

交流接触器的铁芯上嵌有短路环，其作用是克服由于交流电磁吸力的脉动而产生衔铁的振动，保证吸合稳定。

接触器的灭弧装置通常利用磁力收缩力把电弧拉入栅罩中，靠近阴极效应灭弧；有的还配以磁吹把电弧拉入栅罩中，进一步通过冷却去游离灭弧。

16. 热继电器的工作原理是什么？

图1-7为三相结构的热继电器动作原理图。当三相电路中任意一相发生过载时，双金属片由于电流发热增加，弯曲变形增大，推动导板12向左运动，顶动温度补偿双金属片13，使推杆5顺时针转动，顶动片簧1，使片簧2与静触点4分开，若将这组触头串在接触器的合闸操作线圈回路里，线圈就断电，接触器跳闸，切断主回路起到过载保护作用。温度补偿双金属片13的受热弯曲方向与主双金属片弯曲方向一致，使热继电器的动作不受环境温度变化的影响。16为手动复位按钮，调节螺钉15能保证继电器自动复位（使动触头调过"死点"），同时，螺钉15与动触头2又可构成一对常开辅助触头。动作电流调节旋钮9可调节动作电流的大小。

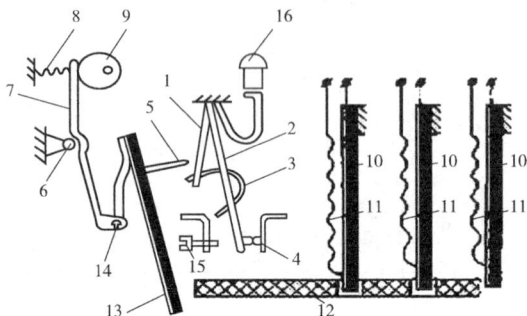

图1-7　热继电器工作原理

1、2—片簧；3—弓形弹簧片；4—静断触点；5—推杆；6—轴；7—杠杆；8—压簧；
9—电流调节凸轮；10—双金属片；11—热元件；12—导板；13—温度补偿双金属片；
14—轴；15—复位调节螺钉；16—手动复位按钮

17. 什么是低压断路器？

低压断路器是具有保护功能的开关。低压断路器由触头装置、灭弧装置、脱扣机构、传动装置和保护装置等五部分组成，其结构与工作原理如图1-8所示。低压断路器的脱扣器是用来接收操作命令或电路非正常情况的信号，以机械动作或触发电路的方法，使脱扣机构动作的部件。

（1）电磁脱扣器

流过脱扣器的电流超过整定值时，作用于脱扣机构，将主电路断开。电磁脱扣器又分为瞬时动作脱扣器和延时动作脱扣器。动作电流值有可调节和不可调节的两种。图中10为电磁脱扣器，当电流超过一定值（动作电流），衔铁动作，将顶杆向

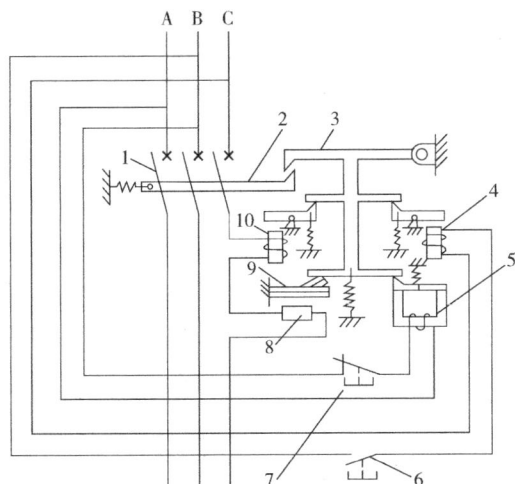

图 1-8　低压断路器工作原理
1—主触头；2—跳钩；3—锁扣；4—分励脱扣器；5—失压脱扣器；
6、7—脱扣按钮；8—电阻；9—热脱扣器；10—电磁脱扣器

上顶起，撞开锁扣 3，主触头 1 在跳闸弹簧的作用下迅速断开，开关跳闸。

（2）欠电压脱扣器

欠电压脱扣器在电压降到额定电压的 35%～70% 范围内时动作于脱扣机构，起到欠电压保护作用。图中 5 为失压脱扣器，当失去电压时，衔铁失去吸力，在弹簧作用下撞开钩锁 3，使开关跳闸。

（3）分励脱扣器

分励脱扣器供远距离控制使断路器分闸。图中 4 为分励脱扣器。按下按钮 6，分励线圈接通操作电源，吸动衔铁，撞击锁扣 3，开关跳闸。分励线圈是按短时通电设计的，不允许长期通电，一般应在分励回路中串入一个自动空气开关的常开接点，保证开关跳闸时断开分励回路。

（4）热脱扣器

热脱扣器相当于一只热继电器，作为过负荷保护。它具有反时限的时间—电流特性，其动作延时与过负荷电流的大小有关，也与过负荷前的负荷电流大小有关。由于过负荷电流流过时热脱扣器的工作时间较长，也称为长延时动作继电器。图中 9 为双金属片热继电器式热脱扣器。当过负荷电流流过加热元件 8 时，因严重发热使双金属片弯曲到一定程度后，撞击锁扣 3，开关跳闸，主电路分断。

18. 保护电器如何实现级间配合？

低压配电线路发生短路、过负荷或接地故障时，既要保证可靠地分断故障电流，又要尽可能地缩小断电范围，即有选择性地分断。

（1）熔断器与熔断器的级间配合

当弧前时间大于等于 0.1s 时，上级熔断体的过电流选择性用"弧前时间—电流"

特性；当弧前时间大于 0.01s，小于 0.1s 时，熔断体的过电流选择性用弧前 I^2t_{min} 值。

（2）上级熔断器与下级非选择型断路器的级间配合

过负荷时，上级熔断器与下级非选择型断路器具有选择性需满足：断路器时间—电流特性和熔断器的反时限特性不相交，同时熔断体的额定电流值比长延时脱扣器的整定电流值大一定数值。

短路时，上级熔断器与下级非选择型断路器具有选择性需满足：熔断器的时间电流特性曲线上对应于预期短路电流值的熔断时间，比断路器瞬时脱扣器的动作时间大 0.1s 以上。

（3）上级非选择型断路器与下级熔断器的级间配合

过负荷时，上级非选择型断路器与下级熔断器具有选择性需满足：只要熔断器的反时限特性和断路器长延时脱扣器的反时限动作特性不相交，同时长延时脱扣器的整定电流值比熔断体的额定电流值大一定数值。

短路时，当故障电流大于非选择型断路器的瞬时脱扣器整定电流 I_{set3} 时，上级断路器瞬时脱扣，上级非选择型断路器与下级熔断器没有选择性。

（4）非选择型断路器与非选择型断路器的级间配合

若下级断路器后任一点发生故障，在不考虑 1.3 倍可靠系数的前提下，当故障电流 $I_k \leq 1000A$ 时，上下级断路器 A、B 均不能瞬时动作，不符合保护灵敏性要求；当 $1000A < I_k < 2000A$ 时，则下级断路器动作，上级断路器不动作，有选择性；当 $I_k \geq 2000A$ 时，上下级断路器均动作，无选择性。

（5）选择型断路器与非选择型断路器的级间配合

若下级断路器的长延时整定值 $I_{set1}=300A$，瞬时整定值 $I_{set3}=3000A$；上级断路器的长延时整定值 I_{set1} 应根据其计算电流确定，由于选择型断路器多用于馈电干线，通常上级断路器的长延时整定值 I_{set1} 比下级断路器的长延时整定值 I_{set1} 大很多。

设上级断路器的长延时整定值 $I_{set1}=1000A$，其短延时整定值 I_{set2} 及瞬时整定值 I_{set3} 的整定方法为上级断路器的短延时整定值 I_{set2} 应大于等于 1.3 倍的下级断路器的瞬时整定值，短延时的时间没有要求。上级断路器的瞬时整定值 I_{set3} 应在满足动作灵敏性前提下，尽量整定得大些，以免在故障电流很大时破坏选择性。

（6）选择型断路器与熔断器的级间配合

过负荷时，只要熔断器的反时限特性和断路器长延时脱扣器的反时限动作特性不相交，且长延时脱扣器的整定电流值比熔断体的额定电流值大一定数值，就能满足过负荷选择性要求。

短路时，由于上级断路器具有短延时功能，一般能实现选择性动作。但必须整定正确，不仅短延时脱扣整定电流 I_{set2} 及延时时间要合适，还要正确整定其瞬时脱扣整定电流值 I_{set3}。整定方法是：下级熔断器的额定电流 I_N 不宜太大。上级断路器的 I_{set2} 值不宜太小，在满足短路电流大于等于 $1.3I_{set2}$ 要求的前提下，宜整定得大些，根据经验，下级的 I_N 为 200A 时，I_{set2} 不宜小于 3000~3500A。短延时时间应整定得大一些，如 0.2~0.4s。I_{set3} 在满足动作灵敏度条件下，尽量整定得大一些，以免破坏选择性。

19. 什么是组合开关电器？

组合开关电器是将断路器、接触器、过载继电器、隔离开关等分离元器件的主要功能集成于一体，综合多种信号，实现供电回路控制与保护的低压开关电器。它具有体积小、短路分断能力强、机电寿命长、运行可靠性高、使用安全方便、节能节材等优点。

（1）主体

主体主要由躯壳、主体面板、电磁传动机构、操作机构、主电路接触器组等部件构成，具有短路保护（类似熔断器的短路保护功能）、自动控制（类似接触器的远程控制功能）、就地操作与指示等功能。

（2）电磁传动机构

电磁传动机构主要由线圈、铁心、控制触点及基座等组成，具有欠压、过压保护功能。

（3）操作机构

接受接触器组每极的短路信号和来自智能脱扣器的过载、过流等故障信号，实现有闭锁功能的操作与报警指示。故障动作时，待故障排除后由操作旋钮复位闭锁功能。

（4）主电路接触器组

主电路接触器组主要由双断点触头、灭弧室和限流脱扣器动作机构组成，每极相互独立；当负载发生短路时，脱扣器快速动作，带动操作机构切断控制线圈电源，使主电路各极全部断开。

20. 耐火电缆的表示方法？

耐火电缆按绝缘材质可分为有机型和无机型两种。有机型耐火电缆外部采用聚氯乙烯或交联聚乙烯为绝缘层，内部采用耐高温 800℃的云母带，以 50% 重叠搭盖包覆两层作为耐火层。它的"耐火"特性完全依赖于云母层的保护。无机型耐火电缆又称为矿物绝缘电缆，分为刚性和柔性两种，如图 1-9 所示。

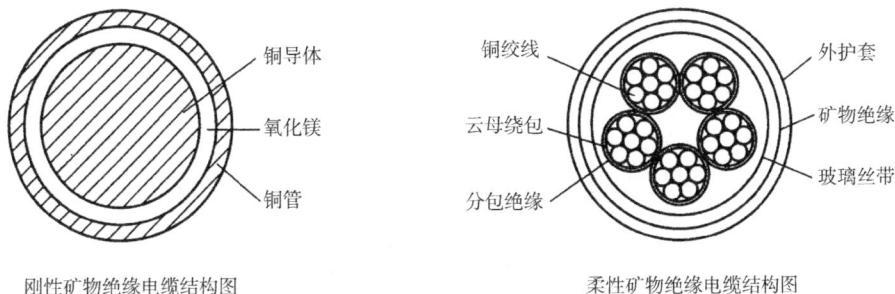

刚性矿物绝缘电缆结构图　　　　　柔性矿物绝缘电缆结构图

图 1-9　矿物绝缘电缆结构

无机型刚性耐火电缆通常标注为 BTT 型，按绝缘等级及护套厚度分为轻型 BTTQ、BTTVQ（500V）和重型 BTTZ、BTTVZ（750V）两种。分别适用于线芯和护套间电压不超过 500V 及 750V（方均根值）的场合。

无机型柔性耐火电缆的型号通常标注为 BBTRZ-（重型 750V 和 1000V 两种）或 BBTRQ-（轻型 500V）。标注电压为导体间电压有效值。

耐火电缆的燃烧性能要求为 B1 级。

21. 中性线与保护线截面如何选择？

（1）中性线（N 线）截面的选择

选择三相四线制系统的中性线截面积应考虑以下因素：

①具有下列情况时，中性导体应和相导体具有相同截面：

a. 任何截面的单相两线制电路；

b. 三相四线和单相三线电路中，铜质相导体截面不大于 16mm^2。

②三相四线制电路中，铜质相导体截面大于 16mm^2 且满足下列全部条件时，中性导体截面可小于相导体截面（中性线截面一般取相线截面的 50% 左右）：

a. 在正常工作时，中性导体预期最大电流不大于中性导体截面的允许载流量。

b. 对 TT 或 TN 系统，在中性导体截面小于相导体截面的地方，中性导体上需装设相应于该导体截面的过电流保护，该保护应使相导体断电但不必断开中性导体。当满足下列两个条件时，则中性导体上不需要装设过电流保护：

——回路相导体的保护装置已能保护中性导体；

——在正常工作时可能通过中性导体上的最大电流明显小于该导体的载流量。

当线路中存在零序谐波时，在选择导体截面时应对载流量加以校正。当预计中性导体电流高于相导体电流时，电缆截面应按中性导体电流来选择。

当中性导体电流大于相电流 135% 且按中性导体电流选择电缆截面时，电缆的载流量可不校正。当按中性导体电流选择电缆截面，而中性导体电流不高于相电流时应校正。

（2）保护线（PE 线）截面的选择

保护导体必须有足够的截面，其截面可用下列方法之一确定：

①当切断时间在 0.1~5s 时，保护导体的截面应按下式确定：

$$S \geqslant \frac{\sqrt{I^2 t}}{K}$$

式中　S——截面积（mm^2）；

　　　I——发生了阻抗可以忽略的故障时的故障电流（交流有效值）（A）；

　　　t——保护电器切断供电的时间（s）；

　　　K——取决于保护导体、绝缘和其他部分的材料以及初始温度和最终温度的系数。

当计算所得截面尺寸是非标准尺寸时，应采用较大标准截面的导体。

②当保护导体与相导体使用相同材料时，保护导体截面不应小于表 1-1 的规定。电动机的保护导体截面应提高一级，即相导体截面积小于 25mm² 时，保护导体截面应等同相导体的截面积；相导体截面积为 25~50mm² 时，保护导体截面积应为 25mm²；当电机相线截面积大于 50mm² 时，保护导体截面积应为相线截面积的 50%。

保护导体的最小截面要求　　　　　　　　　　表 1-1

相导体的截面 S（mm）	相应保护导体的最小截面 S（mm）
S ≤ 16	S
16 < S ≤ 35	16
S > 35	S/2

③不论采用上述哪种方法，所确定的单根保护导体截面均不得小于：

有机械保护时，2.5mm²；

无机械保护时，4mm²。

22. 何谓成套配电装置？

成套配电设备（亦称开关柜），是以断路器为主的成套电气设备。根据电气主接线的要求，结合使用场合、控制对象及主要电气元件的特点，将断路器、隔离开关、互感器、避雷器、电容器等设备按一定顺序，组合成若干种标准接线方案，装配在封闭式的或开启式的金属柜内，作为接受和分配电能的电气装置。根据需要，柜内还可以装设控制、测量、保护等设备。这些设备在制造厂已装配好，在现场仅剩下少量的安装、接线与调试工作。

（1）成套配电设备的特点

①成套配电设备有金属外壳（柜体）保护，使电气设备和载流导体不易被灰尘侵蚀、脏污，因此便于维护。特别对处在污秽地区的变、配电所，这一优点更加突出。

②成套配电设备在制造厂进行机械化成批量生产，易于实现系列化、标准化。同用户自行组合的装配式配电设备相比较具有安装质量高、建造速度快、运行可靠性高、占地面积小等特点。

③成套配电设备的电气安装，线路敷设与变电站、配电室的施工分开进行，使基建时间缩短。同时，成套配电设备在制造厂中进行定型设计与生产，布置合理，使开关柜的体积小，占地面积小，造价低。

④成套配电设备便于运输和迅速扩充。

（2）成套配电设备的分类

①按柜体结构特点可分为开启式和封闭式开关柜。开启式开关柜的高压母线外露，柜内各元件也不隔开，结构简单，造价低。封闭式开关柜的母线、电缆头、断路器和测量仪表等均用小间隔分开，较开启式安全。

②按电气元件固定的特点可分为固定式和手车式（低压为抽屉式）开关柜。手车式开关柜的断路器连同操作机构、电压互感器等，装在可以从柜内拖出的手车上，便于检修。断路器在柜内经插入式触头与固定在柜内的电路连接，而固定式开关柜的全部电器均固定在柜内。

③按母线套数可分为单母线和双母线配电设备，35kV 以下的配电设备，一般多采用单母线方式。

④按电压等级可以分为高压开关柜和低压开关柜。

⑤按放置场所可分为室内和室外配电设备等。

23. 成套配电装置的五防功能是什么？

成套配电装置的五防功能是：① 防止误合、误分断路器；② 防止带负荷分、合隔离开关；③ 防止带电挂地线；④ 防止带地线合闸；⑤ 防止误入带电间隔。

24. 如何确定人防工程变电所的位置？

当人防工程内只设一个变电所时，变电所应尽量紧靠电站布置，这样便于值班人员的操作和维护。当靠近电站有困难时，变电所也应设在靠近电力负荷较大的口部。

在个别轴线很长的人防工程中，当低压配电不合理而必须采用高压配电时，分区变电所应尽量设在分区负荷中心并靠近电源一侧，以减少电能的倒送和电缆的消耗。

25. 人防工程电站的选址有哪些要求？

柴油电站的选址，应符合下列要求：

电站的位置应靠近负荷中心，为了管线进出和管理的方便，宜接近电力系统电源的降压变电所或配电间；宜与主体建筑相结合设置，并应满足防护要求。当为多个不同防护抗力等级的防护单元提供电源时，电站的抗力级别应与其供电范围内工程最高抗力级别相一致；柴油发电机房宜设置在工程口部，便于运输、输油、取水、安装等。当固定式柴油发电机房确无条件设置直通室外地面的发电机组运输出入口时，可在非防护区设置吊装孔；多层人防工程的柴油电站宜设置在底层。

（1）机房

当工程外部存在染毒情况时，工程内部的清洁空气是有限的。为了使机组在外部染毒情况下继续工作，机房通常应设置在防毒密闭范围之外，即所谓染毒区。这样，机组可以燃烧染毒空气，不致消耗工程内部的大量清洁空气。一般工程中电站机房可设在缓冲通道或第一防毒通道段。

（2）控制室

固定电站控制室内装有发电机控制柜、低压配电柜等设备，这些设备的操作均须与机房进行密切频繁的联系，因此控制室一般应紧靠机房设置。控制室内经常有人维护操作，不允许染毒，因此控制室必须设置在工程的防毒密闭范围内，即清洁区。同时用密闭隔墙与机房隔开，墙上设置专用的密闭观察窗，以便于观察机组的运行情况。在控制室与机房之间应有专用的防毒通道，以及一系列的简易洗消设施，以便在滤毒式通风期间控制室人员进入机房检修和操作。

（3）水库、油库

水库和油库通常可以设置在机房的一端或一侧，水泵和油泵一般应布置在离水库、油库较近的区域内，布置的位置应考虑水管、油管走向的方便。

（4）机修、备品间

机修间主要是为柴油机和发电机检修而设置的。其面积不宜过大，一般在机修间内设置一些专用的工具台和小型加工机床以及电、气焊设备，此外还可以设置洗手盆、拖布池等。

备品间主要用来储存一些检修机组所用的贮备零件，小型零件可放在专用的柜内，大型备件可放在贮备架上。

机修间、备品间一般可以设在一起，布置在离机房较近的地方，以便于机修工作的进行。

26.确定配电点有哪些原则?

防护单元战时配电间的选择：原则上应和各防护单元的防化通信值班室合并设置，无防化通信值班室的防护单元应单独设置一间配电间或与值班室合并设置。防化通信值班室的位置设在战时进风机房侧。

27.标注引入线的配电设备的标注方法?

标注引入线的配电设备的格式为：$a\dfrac{b-c}{d(e\times f)-g}$

式中　a——配电设备编号；

　　　b——配电设备型号；

　　　c——配电设备的额定容量（kW）；

　　　d——引入线型号；

　　　e——引入线根数；

　　　f——引入线截面积（mm^2）；

　　　g——引入线敷设方式。

关于线路敷设方式和敷设部位的文字代号，如表1-2、表1-3所示。

常用线路敷设方式的文字符号   表 1-2

序号	代号	敷设部位	序号	代号	敷设部位
1	CE	沿吊顶或顶板面	6	WS	沿墙明敷
2	SCE	吊顶内	7	WC	墙内暗敷
3	CC	顶板内暗敷	8	AC	沿或跨柱明敷
4	AB	沿或跨梁（屋架）	9	CLC	柱内暗敷
5	BC	梁内暗敷	10	FC	地板或地面下暗敷

常用线路敷设部位的文字符号   表 1-3

序号	代号	敷设方式	序号	代号	敷设方式
1	TC	电缆沟敷设	6	CP	穿可挠金属电线管
2	CT	桥架敷设	7	PC	穿硬塑料管
3	MR	金属槽盒敷设	8	FPC	穿阻燃塑料管
4	SC	穿焊接钢管	9	KPC	穿塑料波纹电线管
5	MT	穿电线管			

28. 分析星三角起动的控制原理？

如图 1-10 所示，是鼠笼型异步电动机最常用的 Y-△降压起动原理图。

线路中标出的接触器 KM1 和 KM3 承受电动机负荷的 58%。在闭路转换中，接触器 KM3 的容量通常比接触器 KM2 小一级。每相有一个过负荷继电器，并且整定在电动机满载电流的 58%。转换时间整定值为 3~5s。

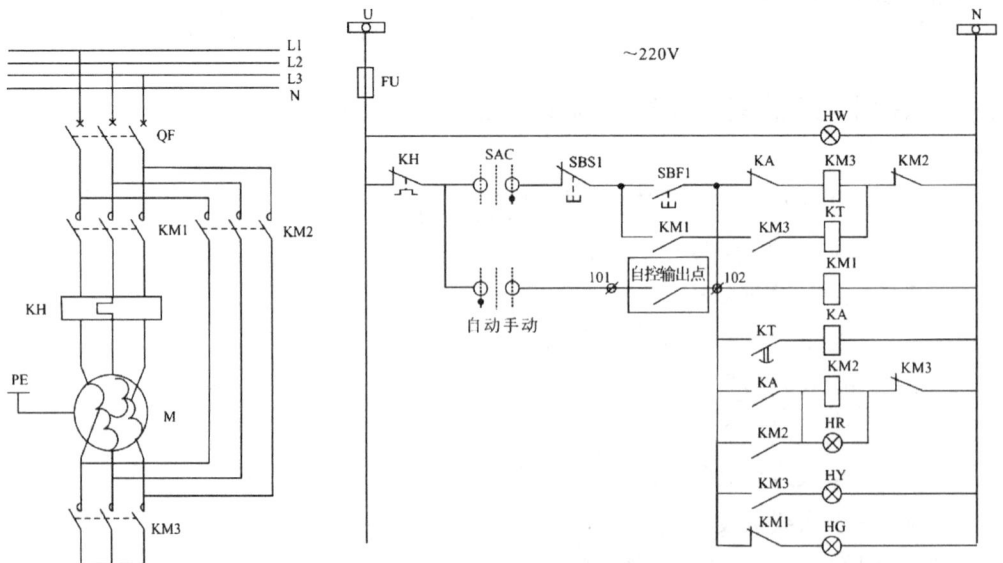

图 1-10　星三角起动工作原理图

起动时，接触器 KM1 线圈和 KM3 线圈通电闭合，时间继电器 KT 线圈通电，电机为 Y 接法运行，KT 延时 3~5s 后闭合，KM3 线圈失电断开，KM2 线圈通电闭合，电机转换为 △ 运行。

对开路转换的起动器，支线保护的选择要特别注意。QF 开关电磁脱扣元件应在 15 倍满载电流以下不脱扣甚至更高，以避免切换工程中因严重的尖峰电流而脱扣。开路转换时间整定为 3~4s。

29. 如何整定低压断路器过流脱扣器的动作电流？

低压断路器的额定电流按下式确定：

$$I_{ez} \geqslant I_g$$

式中　I_{ez}——低压断路器的额定电流（A）。

（1）瞬时动作的过电流脱扣器的确定

配电用断路器瞬时过电流脱扣器整定电流，应按躲过配电线路的尖峰电流计算，即：

$$I_{zd3} \geqslant K_{z3}[I'_{qd1}+I_{g(n-1)}]$$

式中　K_{z3}——低压断路器瞬时脱扣器可靠系数，它是考虑起动电流误差、负荷计算误差和断路器瞬时动作电流误差而确定的，一般取 1.2；

　　I'_{qd1}——线路中起动电流最大一台电动机的全起动电流（A），它包括周期分量和非周期分量，其值为电动机起动电流的 1.7 倍，计入了非周期分量的影响；

　$I_{g(n-1)}$——除起动电流最大一台电动机以外的线路工作电流（A）。

选择型断路器瞬时脱扣器电流的整定值 I_{zd3}，不仅应躲过被保护线路正常时尖峰电流，而且要满足被保护线路各级间选择性要求，即大于或等于下一级断路器瞬时动作电流整定值的 1.2 倍，还需躲过下一级断路器所保护的线路故障时的短路电流。

非选择性断路器瞬时脱扣器电流整定值，只要躲过回路的尖峰电流即可，而且应尽可能整定得小一些。

（2）短延时动作的过电流脱扣器确定

①配电用断路器的短延时过电流脱扣器整定电流，应躲过短时间出现的负荷尖峰电流，即：

$$I_{zd2} \geqslant K_{z2}[I_{qd1}+I_{g(n-1)}]$$

式中　K_{z2}——断路器短延时脱扣器的可靠系数，它是考虑电动机起动电流误差、计算负荷误差和断路器动作电路误差，一般取 1.2；

　　I_{qd1}——线路中起动电流最大一台电动机的起动电流（A）；

　$I_{g(n-1)}$——除去起动电流最大一台电动机以外的线路工作电流（A）。

②动作时间的确定

短路时，主要用于保证保护装置动作的选择性。断路器短延时断开时间分 0.1s

（或 0.2s）、0.4s、0.5s 等，根据选择性配合要求确定动作时间。

（3）长延时动作的过电流脱扣器确定

①配电用断路器的长延时过电流脱扣器整定电流按下式确定：

$$I_{zd1} \geqslant K_{z1}I_e$$

式中　K_{z1}——长延时脱扣器可靠系数，它是考虑了负荷计算误差及断路器电流误差，一般取 1.1；

　　　　I_e——线路工作电流（A）。

②动作时间校验

校验低压断路器在 3 倍 I_{zd1} 时可返回时间，并应大于短时尖峰电流的持续时间，使线路中所接的起动电流较大和起动时间较长的鼠笼型电动机正常全压启动时，长延时脱扣器不误动作。

长延时过电流脱扣器动作特性　　　　　　　　　　　　　　　　　表 1-4

$\dfrac{I}{I_{zd1}}\left(\dfrac{线路电流}{脱扣器整定电流}\right)$	下列额定电流脱扣器的动作时间	
	≤ 100A	>100A
1.0	不动作	不动作
1.3	<1h	<1h
2.0	<4min	<10min
3.0	可返回时间 >1s 或 3s	可返回时间 >3s 或 >8s 或 15s

根据低压断路器标准，配电用低压断路器的延时特性如表 1-4 所示，返回电流值为其整定电流值的 90%。

（4）照明用断路器的过电流脱扣器的整定

照明用低压断路器的长延时和瞬时过电流脱扣器整定电流分别为

$$I_{zd1} \geqslant K_{k1}I_e$$
$$I_{zd3} \geqslant K_{k3}I_e$$

式中　I_e——照明线路计算电流（A）；

K_{k1}、K_{k3}——照明用低压断路器长延时和瞬时过电流脱扣器计算系数，取决于电光源启动状况和低压断路器特性，其数值如表 1-5 所示。

照明用低压断路器长延时和瞬时过电流脱扣器计算系数　　　　表 1-5

自动空气开关	计算系数	白炽灯、荧光灯、卤钨灯	金属卤化物灯	高压钠灯
带热脱扣器	K_{k1}	1	1.1	1
带瞬时脱扣器	K_{k3}	6	6	6

照明用低压断路器的动作特性，应符合表 1-6 的规定。

照明用低压断路器的动作特性　　表 1-6

$\dfrac{I}{I_{zd1}}\left(\dfrac{线路电流}{脱扣器整定电流}\right)$	动作时间	$\dfrac{I}{I_{zd1}}\left(\dfrac{线路电流}{脱扣器整定电流}\right)$	动作时间
1.0	不动作	2.0	<4min
1.3	<1h	6.0	瞬时动作

（5）电动机用断路器的过电流脱扣器的整定

1）用断路器的瞬时过电流脱扣器（或过电流继电器瞬动元件）作电动机短路保护时，整定电流一般按下式确定：

$$I_{zd} \approx K_{js}I_{qd}$$

式中　I_{qd}——电动机起动电流（A）；

　　　K_{js}——断路器计算系数，对断路器和低返回系数的过电流继电器的瞬动元件宜取 1.7~2，对高返回系数的过电流继电器，且保护装置的动作时间能躲过起动电流非周期分量时，取 1.35~1.4。

2）断路器长延时过电流脱扣器在 6 倍整定电流值时的可返回时间，应等于或大于电动机实际起动时间。

3）用断路器的长延时过电流脱扣器作电动机的过负荷保护时，整定电流应按电动机额定电流选择。

30. 常用的光源有哪些？

电光源按其发光机理可以分为三大类：

（1）热辐射光源。这是一种基于热辐射原理，利用某一物质在高温下能发射可见光而制成的光源。这种光源发展最早，应用也最广泛。如图 1-11 所示，白炽灯、卤钨灯（碘钨灯和溴钨灯等）都属此类。

（2）气体放电光源。如图 1-12 所示，这是一种利用电流通过某种气体或金属蒸汽发光的原理而制成的光源，光谱十分广泛，目前这种光源的种类已有很多。由于气体放电光源具有发光效率高、使用寿命长等特点，使其得到迅速的发展。

随着气体放电光源质量的不断提高和新类型的不断出现，它将在照明工程中发挥越来越重要的作用。荧光灯、高压汞灯、高压钠灯、金属卤化物灯和氙灯均属此类。此处的高压、低压是指灯管内气体放电时的电压。

（3）LED 光源

LED（Light Emitting Diode）光源是利用注入式电致发光原理制作的发光二极管作为光源。此种光源具有体积小、寿命长、效率高等优点，可连续使用长达 10 万个小时，目前已经在人防工程中广泛使用。室内 LED 灯主要有灯管、球泡、灯杯、一体化 LED 筒灯、一体化 LED 导轨射灯、格栅射灯等产品。

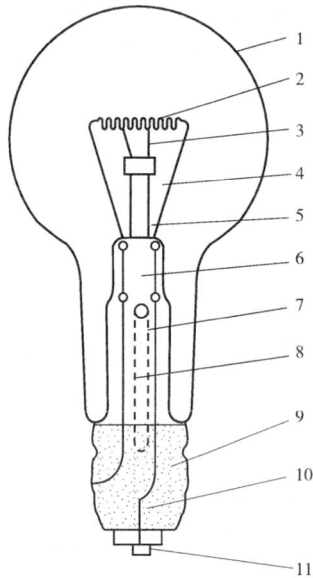

图 1-11　白炽灯结构
1—玻壳；2—灯丝（钨丝）；3—支架（钼丝）；4—电极（镍丝）；5—玻璃芯柱；
6—杜美丝（铜铁镍合金丝）；7—引入线（铜丝）；8—抽气管；9—灯头；10—封端胶花；
11—锡焊接触端

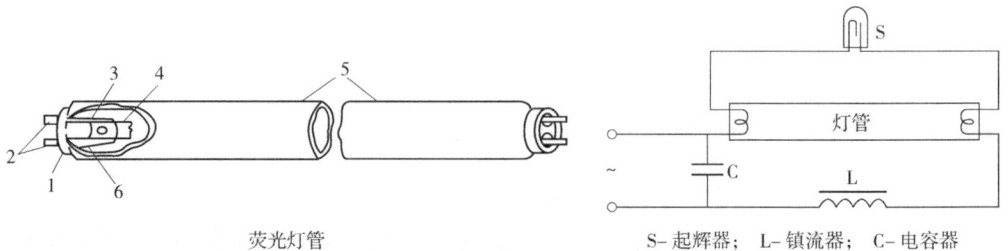

荧光灯管　　　　　　　S– 起辉器；　L– 镇流器；　C– 电容器

图 1-12　荧光灯结构原理接线图
1—灯头；2—灯脚；3—玻璃芯柱；4—灯丝（钨丝）；
5—玻管（内壁涂荧光粉，充惰性气体）；6—汞（少量）

31. 什么是接触电压和跨步电压？

如图 1-13 所示，如果人体同时接触具有不同电压的两处，则在人体内就会有电流通过，此刻在人体两处之间的电压差即为接触电压。图中手部触及变压器的人站在地上，在手足之间出现电压差，其大小等于变压器对地电压与人站立之处的电压之差，即图上标出的 U_{tou}，或者说 U_{tou} 就是手部触及变压器的人所承受的接触电压。

跨步电压是指人站在地上具有不同对地电位的两点，在人的两脚之间所承受的电压差。跨步电压与跨步大小有关。人的跨步一般按 0.8m 考虑，大牲畜的跨步可按 1.0~1.4m 考虑。在图中未触及变压器的人承受了跨步电压 U_{step}。在离开接地极 20m 以外，一般就不用考虑跨步电压的问题了。

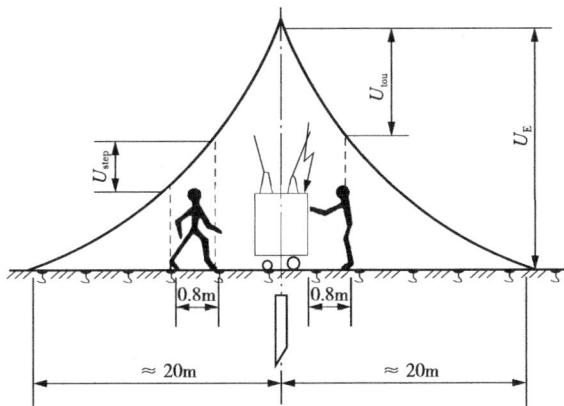

U_{tou} —接触电压；U_{step} —跨步电压

图 1-13 接触电压和跨步电压示意图

32.什么是工作接地和保护接地？

如图 1-14 所示，系统接地是一种工作接地。供电系统电源端的接地称为系统接地。根据运行需要，供电系统电源端带电导体的一点可与大地直接连接，经消弧线圈连接、经小电阻连接、经大电阻连接或与大地隔离，分别构成不同接地形式的供电系统。

如图 1-14 所示，为防止因绝缘损坏而遭受电击危险，将电气设备金属外壳或构架等外露可导电部分同接地极作良好的电气连接称为保护接地。

过电压保护接地：过电压保护是一种保护性接地，是为消除雷击和过电压的危害而设置的接地。若防雷设备不接地就无法对地泄放雷电流，从而无法达到防雷目的。

防静电接地是一种保护性接地，是为消除在设备运行中产生的静电而设置的接地。

屏蔽接地是一种保护性接地，是为防止电磁感应损伤或危害电子信息系统，而对电气设备的金属外壳、屏蔽罩、屏蔽线的外皮或建筑物金属屏蔽体等进行的接地。

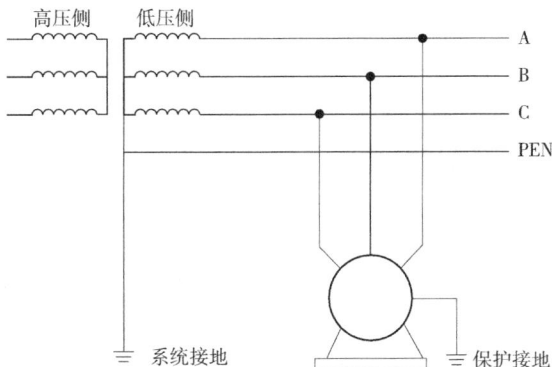

图 1-14 接地示意图

33.什么是接地电阻以及有哪些接地极?

接地线的电阻与接地极的对地电阻的总和,称为接地装置的接地电阻。接地极的对地电压与通过接地极流入地中的电流之比称为散流电阻。电气设备接地部分的对地电压与接地电流之比,即为接地电阻。一般因为接地线的电阻甚小,可忽略不计,因此可认为接地电阻等于散流电阻。当有冲击电流(如雷电流,其数值很大,为几十到几百千安,但其作用时间很短,仅 $3\sim6\mu s$)通过接地极流入地中时,土壤即被电离,此时测得的接地电阻称为冲击接地电阻。任一接地极的冲击接地电阻都要比按通过接地极流入地中工频电流时求得的电阻(工频接地电阻)小。

在设计和装设接地装置时,首先应充分考虑自然接地极,以节约投资,节省金属材料。当实地测量所利用的自然接地极电阻已满足要求,而且这些自然接地极又满足热稳定条件时,就不必再装设人工接地装置,否则就要装设人工接地装置作为补充。

电气设备的人工接地装置的布置,应使接地装置附近的电位分布尽可能地均匀,以降低接触电压和跨步电压,保证人身安全,当接触电压和跨步电压超过规定值时,还应采取其他措施。

可以作为自然接地极的有:建筑物地下部分的钢结构和钢筋、埋入地下的金属管道(但可燃液体和可燃气体的管道除外)以及敷设于地下而数量不少于两根的电缆金属外皮等。对于变配电所,可以利用它的建筑物钢筋混凝土基础作为自然接地极。

利用自然接地极时,一定要保证良好的电气连接,在建筑物钢结构的接合处,除已焊接者外,凡用螺栓或其他方式连接的,都要采用跨接焊接,而且跨接线不得小于规定值。

如图 1-15 所示,人工接地极有垂直埋设和水平埋设两种基本结构形式,最常用的垂直接地极为直径 50mm、长 2.5m、壁厚 3.5mm 的钢管。如果直径小于 50mm 的钢管,则由于钢管的机械强度较小,易弯曲,不适用于用机械方法打入土中;如

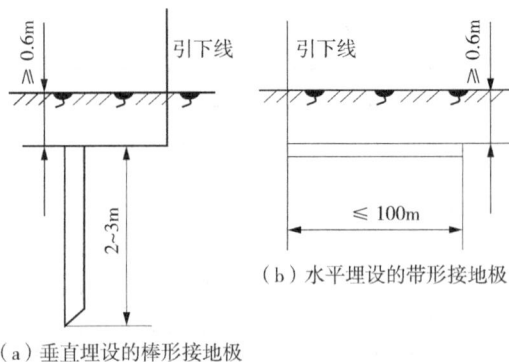

(a)垂直埋设的棒形接地极
(b)水平埋设的带形接地极

图 1-15　接地极敷设

果采用直径大于 50mm 的钢管，例如直径由 50mm 增大到 125mm，其散流电阻仅减小 15%，而钢管消耗则大大增加，经济性差。如果采用钢管长度小于 2.5m，散流电阻增加很多；而当钢管长度大于 2.5m 时，既难以打入土中，散流电阻减少也并不明显。由此可见，采用上述直径为 50mm、长度为 2.5m 的钢管是最为经济合理的。为了减少外界温度变化对散流电阻的影响，埋入地下的垂直接地极的上端距地面应不小于 0.5m。

第 2 章

电源

34. 战时常用设备的负荷等级及供电范围是什么？

[问题补充] 战时常用设备的负荷等级是如何划分的，其供电范围有什么要求？

防化级别为甲、乙、丙级的人防地下室的防化通信值班室内的通信、防化设备均为一级负荷。所有人防地下室的防化通信值班室内的电源插座（设置在墙上且由普通照明配电箱供电的插座）均为二级负荷。防化电源配电插座箱供电范围为：射线和毒剂报警器主机、接收核报警信息的音响设备、核化生控制中心、空气放射性测定装置、测压装置。

三种通风方式装置系统的负荷等级应按其工程类别不同进行区分，指挥类工程、医疗救护工程和防化监测中心工程内的三种通风方式装置系统为战时一级负荷，其可由防化电源配电箱供电，其他人防工程的通风方式装置系统为战时二级负荷，可由人防电源配电总箱为其供电。三种通风方式装置系统如非仅显示功能，而带有战时风机、阀门等控制功能，以及引用毒剂、射线、生物等报警器信号，则其负荷等级建议按一级负荷考虑，以提高工程的防护性能和保障工程内人员的生命安全。

根据《人民防空工程防化设计规范》RFJ 013—2010 第 9.1.2 条："防化值班室的设计应符合以下规定：……第 2 款：防化级别为甲级的工程防化值班室内应设置射线和毒剂报警器主机、测压装置、核化生控制中心、通风方式控制信号箱及显示三种通风方式的灯光和音响装置，并宜配置通风设备工作状态显示装置；第 3 款：防化级别为乙级的工程防化值班室内应设置毒剂报警器主机、接收核报警信息的音响设备、核化生控制中心、空气放射性测定装置、测压装置、通风方式控制信号箱及显示三种通风方式的灯光和音响装置；第 4 款：防化级别为丙级的工程防化值班室内应设置接收核化报警信息的音响设备、显示三种通风方式的灯光和音响装置、测压装置，并宜设置核化生控制中心、通风方式控制信号箱和空气放射性测定装置；第 5 款：防化级别为甲、乙、丙级的工程防化值班室内均应设置电源配电箱和电源插座，配电箱按一级负荷容量分别不小于 5kW、4kW、3kW，电源插座的设置应符合现行人防工程规范、标准的规定；"《人民防空医疗救护工程设计标准》RFJ 005—2011 第 6.2.3 条规定："人防医疗工程战时电力负荷分级应符合表 2-1 的规定。"

人防医疗工程战时电力负荷分级　　　　表 2-1

工程类别	设备类型	负荷等级
中心医院 急救医院 救护站	基本通信设备、应急通信设备 通信电源配电箱 防化设备、防化电源配电插座箱 柴油发电站配套的附属设备 三种通风方式信号装置系统 主要医疗救护房间（手术室、放射科）内的设备和照明 手术室空调设备 应急照明	一级
	重要的风机、水泵 辅助医疗救护房间内的设备和照明 洗消及医疗用的电加热淋浴器 医疗救护房间（除手术室外）的空调、电热设备 电动密闭阀门 正常照明 一般医疗救护、设备房间插座	二级
	不属于一级和二级负荷的其他负荷	三级

35. 防护单元内设置的总配电箱是否满足各级负荷对供电的要求？

[问题补充] 人防工程中防护单元内设置的总配电箱是否能满足各种等级负荷对供电的要求？

当防空地下室只引接电力系统电源或战时备用电源采用区域电站时，战时一级负荷需在该防空地下室设置蓄电池电源；当防空地下室内部电源采用内部电站时，战时一级负荷应采用双电源、双回路、负荷侧切换。

人防工程中负荷等级分成一、二、三级。各级供电要求如下：

（1）战时一级负荷，应有两个独立的电源供电，其中一个电源应是该防空地下室的内部电源；

（2）战时二级负荷，应引接区域电源，当引接区域电源有困难时，应在防空地下室内设置自备电源；

（3）战时三级负荷，引接电力系统电源。

设计规范要求每个防护单元中内部设备要自成独立系统。防护单元的供电配电箱应该满足各级负荷的配电要求。国家建筑标准设计图集《防空地下室电气设计示例》07FD01 第 9 页上的方案（一）～方案（三），如图 2-1 所示。其中工程设计采用最多的是示意图（一）的方案。

每个防护单元设置 1 个总配电箱。该配电箱方案是平战结合的方案，应该一次到位，不存在平战转换。配电箱上已经设有平战电源的转换开关，设计时根据实际组合设计。其中战时安装的 EPS 电源不安装在此箱内，战时用电缆外接。

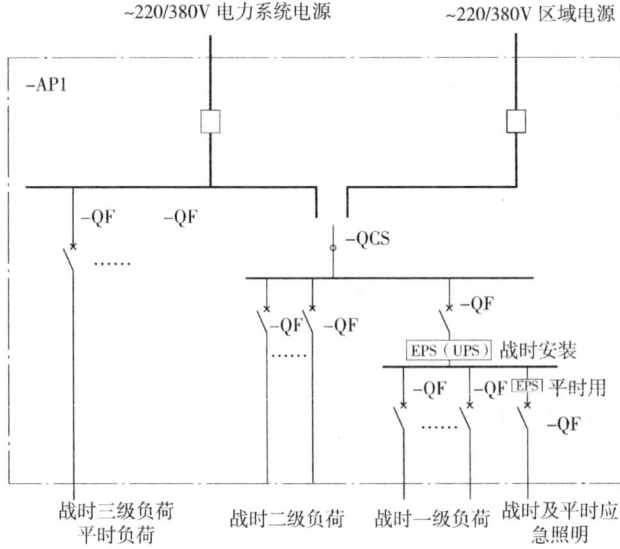

方案一

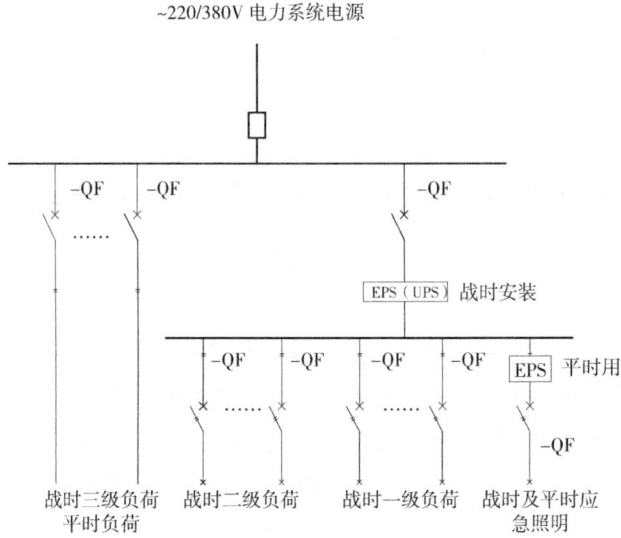

方案二

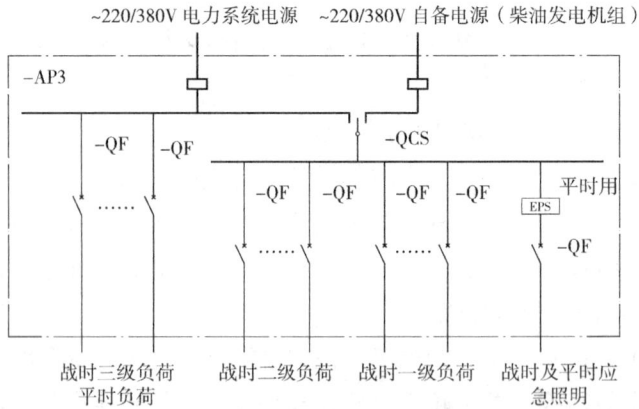

方案三

图 2-1　一个防护单元供电系统示意图

36. 人防工程内大于 300kW 的柴油发电机组能否作为战时电源？

[问题补充] 设置在人防工程内平时使用的大于 300kW 的柴油发电机组能否作为工程战时电源？战时固定电站的柴油发电机能否为平时的消防设备提供备用电源？

平时容量大于 300kW 的备用柴油发电机组可作为人防工程电力系统电源的备用电源；平时已安装到位的战时固定电站的柴油发电机组可作为平时消防设备的备用电源。

对于人防工程电力系统电源，《人民防空地下室设计规范》GB 50038—2005 第 7.2.7 条规定："因地面建筑平时使用需要设置的柴油发电机组，宜按战时区域电源设置。所设置的柴油发电机组，宜设置在防护区内。"第 7.7.2 条第 4 款："柴油发电机组的单机容量不宜大于 300kW"。第 7.7.2 第 2 款第 3 项中又规定："固定电站内设置柴油发电机组不应少于 2 台，最多不宜超过 4 台。"第 7.2.16 条："当条件许可时，战时防空地下室宜利用下列电源：1 无防护的地面建筑自备电源；2 设置在防空地下室地面附近的拖车电站、汽车电站等。"其条文说明："防空地下室具有利用地面建筑自备电源设施的有利条件时，可作为战时人防辅助电源，如作为平时应急电源而设置的应急柴油发电机组，移动式拖车电站。只要地面建筑使用这些电源，防空地下室就应尽量利用这些电源，但只能作为电力系统的备用电源，不能作为人防内部电源。"

柴油电站机组的设置台数不宜超过 4 台和单机容量不宜超过 300kW 的规定，是因为机组台数过多，容量过大，技术要求过高，管理复杂，对量大面广的人防工程目标过大，一旦受损涉及停电范围过大，一次性投资过大，不适合采用。

若单台 300kW 柴油发电机组作为人防移动电站，不符合移动电站的要求。若要按照固定电站要求，则要设置 2 台柴油发电机组且单台容量不宜大于 300kW。因此，对于平时大于 300kW 的柴油发电机组是不宜建在防护区内的，可将其作为战时人防辅助电源。

37. 柴油电站配套的附属设备有哪些？

[问题补充] 人防工程中哪些设备是柴油电站配套的附属设备？

柴油电站的附属设备，指战时能够保障发电机组正常工作的设备，包括电站进排风系统、机房降温冷却系统、给水及供油系统，排水系统、信号联络箱系统、电站照明系统等，按一级负荷供电设计。

根据《人防防空地下室设计规范》GB 50038—2005 第 7.7.8 条条文说明："柴油电站的设置是防空地下室的心脏设备，战时地面电力系统电源极不可靠，是遭受打击的目标，随时会造成局部或区域的大面积范围停电，而平时城市一般又不会发生停申，设置的柴油电站不需要经常运行，长期置于地下，维护管理不好，机组容易锈蚀损坏，不但没有经济效益，还要增加维护保养支出。为了协调这一矛盾，除中心医院、急救医院需平时安装到位外，其余类型工程的柴油电站均允许平战转换。由于甲、乙类工程的差异，所以甲、乙类工程柴油电站的转换内容也有区别。条文中柴油电站的附属设备及管线，指设置在电站内的发电机组至各防护单元的人防电源总配电柜（箱）及由人防电源总配电柜（箱）引至各防护单元的电缆线路；通风、给水排水的设备和管线。固定电站还需包括各种动力配电箱、信号联络箱等。"

所以电站内的通风、给水排水、配电柜（箱）等均属于电站附属设备，应属于一级负荷的供电要求。

采用水冷系统的柴油电站中，水冷系统中使用的水泵应属于一级负荷，柴油电站中的污水泵应属于二级负荷。污水泵不属于柴油机组运行时的配套设备，但属于柴油电站的附属设备。

38. 工程内不同防护单元的内电源有何要求？

[问题补充] 一个工程内多个毗邻的防护单元，是否允许一部分防护单元的内电源来自本工程内移动电站，剩余防护单元来自区域电站？

一个工程内多个毗邻的防护单元，一部分防护单元的内电源来自本工程内移动电站，剩余防护单元来自区域电站的方案不可行。

按照《人民防空地下室设计规范》GB 50038—2005 第 7.2.13 条："救护站、防空专业队工程、人员掩蔽工程、配套工程等应按下列要求设置柴油发电机组：

1 建筑面积之和大于 5000m^2 的防空地下室，设置柴油发电机组的台数不应少于 2 台，其容量应按下列规定的战时和平时供电容量的较大者确定：

1）战时供电容量应满足战时一级、二级负荷的需要，还宜作为区域电站，以满足在低压供电范围内的邻近人防工程战时一级、二级负荷的需要；

2）平时引接两路不同时停电的电力系统电源供电时，应按满足防空地下室平时一级负荷中特别重要的负荷确定；

3）平时引接一路电力系统电源供电时，应按满足防空地下室平时一级、部分二级负荷（消防负荷、不小于 50% 的正常照明负荷等）之和确定；

2 建筑面积大于 5000m^2 的防空地下室，当条件受到限制时，内部电源仅为本防空地下室供电时，柴油发电机组的台数可设 1~2 台，其容量应按下列规定的战时和平时供电容量的较大者确定：

1）战时供电容量，必须满足本防空地下室战时一级、二级负荷的用电需要；

2）平时供电容量应满足本条第 1 款第 2、3 项的规定；

3 在建筑小区或供电半径范围内各类分散布置的多个防空地下室，其建筑面积之和大于 5000m^2 时，应在负荷中心处的防空地下室内设置内部电站或设置区域电站，其容量应满足本条第 1 款的要求；"

对于人防工程的战时内电源，内部电站比区域电站更可靠。所以，人防工程设置内部电站的容量要满足本人防工程所有战时一、二级负荷的需要；有条件的还要满足在低压供电范围内（500m 以内）的邻近人防工程战时一级、二级负荷的需要。

39. 仅有医疗救护站，可否不设置柴油电站？

[问题补充] 人防地下室仅有一个防护单元，战时功能为医疗救护站，可否不设置柴油电站？

人防地下室仅有一个防护单元，战时功能为医疗救护站，宜设置移动柴油电站。《人民防空地下室设计规范》GB 50038—2005 第 7.2.11 条："下列工程应在工程内部设置柴油电站：1 中心医院、急救医院；2 救护站、防空专业队工程、人员掩蔽工程、配套工程等防空地下室，建筑面积之和大于 5000m²。"（此为强制性条文）按此要求仅一个防护单元的医疗救护站防护区最大建筑面积为 1500m²（参见《人民防空医疗救护工程设计标准》RFJ 005—2011 第 3.1.4 条），未达到规范设置柴油电站的标准，但涉及医疗救护工程还应满足《人民防空医疗救护工程设计标准》RFJ 005—2011 的相关规定。

《人民防空医疗救护工程设计标准》RFJ 005—2011 第 6.2.6 条："救护站宜设置移动柴油电站。""宜"掌握的标准是允许稍有选择，在条件许可时，首先应该这样做。这个应该结合各地的实际情况，对于城市发展经济条件好的城市应该按"应"执行。目前医疗救护工程根据区域配建个数不是特别的多，应该按高标准来执行。

《人民防空医疗救护工程设计标准》RFJ 005—2011 第 6.3.2 条："救护站应在清洁区（第二密闭区）设置配电间，配电间应贴邻移动柴油电站机房。"及第 6.3.8 条："救护站移动柴油电站中的柴油发电机组、贮水箱、贮油桶、柴油机排风集气罩、排烟管、人员洗消贮水箱等平时均可不安装，但应在 30d 转换时限内完成安装和调试。"两条理解均默认为救护站设置了柴油电站。而且在第 3.1.4 条中注释救护站防护区最大建筑面积包含了柴油电站。

对于人防建筑面积不大于 5000m² 的人防工程，《人民防空地下室设计规范》GB 50038—2005 第 7.2.13 条第 4 款第 2 项规定："无法引接区域电源的防空地下室，战时一级、二级负荷应在室内设置蓄电池组电源；"第 7.2.13 条第 4 款第 3 项同时规定："蓄电池组的连续供电时间不应小于隔绝防护时间。"对于医疗救护工程，隔绝防护时间为不小于 6 小时，蓄电池组连续供电时间等同隔绝防护时间，即在市电电源遭受破坏后医疗救护工程的有效使用期限为 6 小时，即使采取一些措施增加蓄电池组的供电时间，也不会延长很多，此与救护站工程应发挥的效能相悖。

《人民防空医疗救护工程设计标准》RFJ 005—2011 第 6.2.6 条："救护站宜设置移动柴油电站。"对规范理解应为：不是讨论设不设电站，而是设置的电站为移动电站还是固定电站的问题。若救护站的负荷不大于 120kW，则宜设置移动电站，若还有其他人防工程需要柴油电站供电，且战时总负荷大于 120kW 则宜设置固定电站或在条件受限时设置多个移动电站。

另附《人民防空医疗救护工程设计标准》RFJ 005—2011 第 3.1.4 条：

"人防医疗工程的床位数和人员数应按表 2-2 确定；防护区有效面积宜按表 2-2 确定。掘开式人防医疗工程可按一个防护单元设计，但其防护区的最大建筑面积应符合表 2-2 的规定。"

人防医疗工程的工程规模

表 2-2

工程名称	掘开式工程		坑、地道式工程防护区有效面积（m²）	人员数量（人）（含伤员）	床位数量（张）
	防护区最大建筑面积（m²）	防护区有效面积（m²）			
中心医院	4500	2500~3300	3300~4300	390~530	150~250
急救医院	3000	1700~2000	2200~2600	210~280	50~100
救护站	1500	900~950	1170~1250	140~150	15~25

注：1 中心医院、急救医院的防护区有效面积中含电站，救护站不含电站。
　　2 掘开式工程包括单建掘开式工程和防空地下室。其中防护区最大建筑面积均含电站。
　　3 人防医疗工程中的伤员数量可按床位数确定。

40. 有内部电站的防空地下室是否需要设置 EPS 作为预留通信电源？

[问题补充] 当在有内部电站的情况下防空地下室预留通信电源时，是否需要设置 EPS 作为应急电源？

已设置内部电站的防空地下室不需要另外专设置 EPS 来保障通信电源。因为有些通信设备机器平时就带有 UPS 电源。

根据《人民防空地下室设计规范》GB 50038—2005 表 7.2.4 的负荷分级，如表 2-3 所示。

人防地下室的一级负荷

表 2-3

设备名称	负荷等级
基本通信设备、音响警报接收设备、应急通信设备	
柴油电站配套的附属设备	一级
应急照明	

不管战时是何种工程类别的防空地下室，通信设备均为一级负荷。

（1）根据《人民防空地下室设计规范》GB 50038—2005 第 7.2.15 条第 1 款，战时一级负荷，应有两个独立的电源供电，其中一个独立电源应是该防空地下室的内部电源，有内部电站的防空地下室已满足战时一级负荷由两个独立的电源供电，不用额外设置 EPS 来保障。

（2）根据《人民防空地下室设计规范》GB 50038—2005 第 7.2.13 第 4 款，建筑面积 5000m² 及以下的各类未设内部电站的防空地下室，战时供电应符合下列规定：

①引接区域电源，战时一级负荷应设置蓄电池组电源；

②无法引接区域电源的防空地下室，战时一级、二级负荷应在室内设置蓄电池组电源；

③蓄电池组的连续供电时间不应小于隔绝防护时间（表2-4）。

战时隔绝防护时间及CO_2容许体积浓度、O_2体积浓度　　表2-4

防空地下室用途	隔绝防护时间（h）	CO_2容许体积浓度（%）	O_2体积浓度（%）
医疗救护工程、专业队队员掩蔽部、一等人员掩蔽所、食品站、生产车间、区域供水站	≥6	≤2.0	≥18.5
二等人员掩蔽所、电站控制室	≥3	≤2.5	≥18.0
物资库等其他配套工程	≥2	≤3.0	—

由此条文可看出，防空地下室在未设置内部电站的情况下才需要设置EPS来保障一级负荷。

综上，已设置内部电站的防空地下室不需另外设置EPS来保障通信电源，但当工程所在地人防主管部门有明文具体要求时，应依据所在地规定执行。

41. 为何防化化验室的电源配电箱为二级负荷？

[问题补充] 为何防化通信值班室内的电源配电箱为一级负荷，而防化化验室内所设置的电源配电箱为二级负荷？

防化级别为甲、乙、丙级人防工程的防化通信值班室内的防化检测仪器须持续有电源保障，因此防化电源配电箱和电源插座定为一级负荷。防化化验室只设置在人防防化级别为甲级的一、二、三等指挥工程内，且防化化验室的工作不具有连续性和不间断性，因此防化化验室的电源配电箱和电源插座定为二级负荷。

《人民防空工程防化设计规范》RFJ 013—2010第9.1.2条第5款："防化级别为甲、乙、丙级的工程防化值班室内均应设置电源配电箱和电源插座，配电箱按一级负荷容量分别不小于5kW、4kW、3kW，电源插座的设置应符合现行人防工程规范、标准的规定。"该条要求是指凡是防化等级为甲、乙、丙等级人防工程，防化值班室内的防化电源配电箱电源等级均为一级负荷。防化专业战时工作人员均是在防化值班室内坚持工作。其使用的主要防化检测仪器、设备均在该室内。由于所使用检测设备的特殊性及其工作的重要性，这些仪器、设备始终应须有电源保障。因此提出防化设备电源配电箱为一级负荷。

《人民防空工程防化设计规范》RFJ 013—2010第9.2.2条第4款："室内设置二级负荷容量不小于5kW的电源配电箱和电源插座，电源插座的设置应符合现行人防规范、标准的规定，室内照度应为100~150lx，并应配置应急照明设备。"该条要求是指在一、二、三等人防指挥工程中，应在战时人员主要出入口的检查穿衣室一侧设防化化验室。其位置在最后一道密闭门外侧（图2-2为防化化验室平面布置图），属于非完全清洁区（具有染毒可能性）。该室主要功能是：工程在滤毒式通风时，检查从主要出入口室外进来人员的染毒检测，外来人员通过脱衣、淋浴洗消后，是否洗消干净，检查人身体上是否还存有染毒物质。这是由防化化验室内的工作人员使用化学检测仪器设备进行检查的，经检查合格后允许通过最后一道密闭门进入到工程清洁区。若经检查后不通过，人员需要重新淋浴或不得入内。而且进入洗消的人员总数量也是受到控制的，指挥工程在滤毒式通风时，只允许进入的人数为5%~8%。从工作过程来看，防化化验室的工作不具有连续性和不间断性，因此规范中将防化化验室的电源配电箱和电源插座定为二级负荷是合理的。同样是防化检测仪器、设备，防化值班室与防化化验室内的电源配电箱和电源插座的重要性并不相同，所以用电负荷等级也不同。并且防化化验室只设置在人防防化级别为甲级的一、二、三等指挥工程内，对于人防防化级别为乙级、丙级的人防工程无此要求。

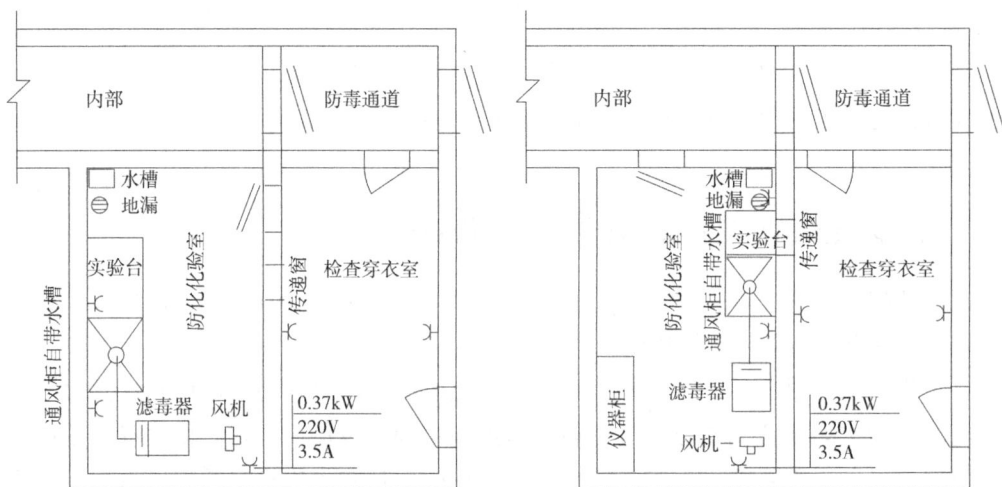

图2-2　防化化验室平面布置图

42. 防化通信值班室的电源配电箱和电源插座与防化电源插座箱的区别？

[问题补充] 人防工程的防化通信值班室内均应设置电源配电箱和电源插座，与通常设计中的防化电源插座箱该怎么区分？（依据《人民防空工程防化设计规范》RFJ 013—2010第9.1.2条第5款规定"防化级别为甲、乙、丙级的工程防化值班室内均应设置电源配电箱和电源插座，配电箱按一级负荷容量分别不小于5kW、4kW、3kW，电源插座的设置应符合现行人防工程规范、标准的规定"。这与通常设计中的防化电源插座箱该怎么区分，防化电源插座箱按照一级负荷设计是否符合该条规定？）

为了简化二等人员掩蔽部工程设计，防化电源插座箱兼有电源配电箱和电源插座两种功能，应按照一级负荷设计，符合规范设计。

防化电源插座箱应为一级负荷，原因是：

（1）根据一般规范制定的性质，行业规范要求应不低于国家通用规范（国标），

《人民防空地下室设计规范》GB 50038—2005 属于国标规范，《人民防空工程防化设计规范》RFJ 013—2010 属于人防行业规范，设计时满足了《人民防空工程防化设计规范》RFJ 013—2010，也就满足了《人民防空地下室设计规范》GB 50038—2005，对防化电源插座箱的定性，应以防化规范为准；

（2）根据指定规范的时间，设计应先满足后制定的规范（新规范）的要求，《人民防空地下室设计规范》GB 50038—2005 是 2005 年开始执行的，《人民防空工程防化设计规范》RFJ 013—2010 是 2010 年开始执行的，设计应以防化规范为准；

（3）《供配电系统设计规范》GB 50052—2009 第 3.0.1 条规定负荷分级中，根据对一级负荷的定义，防化电源符合停电会造人身伤害的规定，因而防化电源插座箱兼有电源配电箱和电源插座两种功能，应按照一级负荷设计，符合规范设计。

参考《人民防空医疗救护工程设计标准》RFJ 005—2011 第 6.6.4 条条文说明"为了方便使用，本条规定将防化电源配电箱和电源插座合并设置成一个防化电源配电插座箱"。此防化电源配电插座箱的设计与《人民防空地下室设计规范》GB 50038—2005 第 7.5.11 条要求一致。可将设计的防化插座箱视为防化电源配电插座箱，容量参照《人民防空工程防化设计规范》RFJ 013—2010 第 9.1.2 条规定即可。

43. 无隔绝防护时间工程内 EPS 的应急时间如何取值？

[问题补充] 无隔绝防护时间要求的人防工程内 EPS 的应急时间应依据什么取值呢？

依据《人民防空地下室设计规范》GB 50038—2005 的术语第 2.1.7 条："防空专业队工程 保障防空专业队掩蔽和执行某些勤务的人防工程（包括防空地下室），一般称防空专业队掩蔽所。一个完整的防空专业队掩蔽所一般包括专业队队员掩蔽部和专业队装备（车辆）掩蔽部两个部分。但在目前的人防工程建设中，也可以将两个部分分开单独修建。防空专业队系指按专业组成的担负人民防空勤务的组织，其中包括抢险抢修、医疗救护、消防、防化防疫、通信、运输、治安等专业队。"和第 2.1.9 条："配套工程 系指战时的保障性人防工程（即指挥工程、医疗救护工程、防空专业队工程和人员掩蔽工程以外的人防工程总合），主要包括区域电站、区域供水站、人防物资库、人防汽车库、食品站、生产车间、人防交通干（支）道、警报站、核生化检测中心等工程。"规定，专业队装备（车辆）掩蔽部属于一个完整的防空专业队掩蔽所的一部分，因而其内设置的 EPS 电源的连续供电时间应与防空专业队掩蔽所要求的防护隔绝时间一致，即不小于 6 个小时；人防汽车库属于配套工程的一个类别，因而人防汽车库内设置的 EPS 电源的连续供电时间应与配套工程要求的防护隔绝时间一致，即不小于 2 个小时。可参考《人民防空地下室设计规范》GB 50038—2005 表 5.2.4 战时隔绝防护时间及 CO_2 容许体积浓度、O_2 体积浓度，如表 2-4 所示。

44. 小于 5000m^2 的人防工程战时电源能不能引用区域电源？

[问题补充] 不到 5000m^2 的项目，电气设计时战时电源能不能引用区域电站电源？

可以引接区域电源。

《人民防空地下室设计规范》GB 50038—2005 第 7.2.13 条第 4 款："建筑面积 5000m^2 及以下的各类未设内部电站的防空地下室，战时供电应符合下列规定：

1）引接区域电源，战时一级负荷应设置蓄电池组电源；

2）无法引接区域电源的防空地下室，战时一级、二级负荷应在室内设置蓄电池组电源；

3）蓄电池组的连续供电时间不应小于隔绝防护时间。"

其条文说明："对于建筑面积 5000m^2 及以下的分散布置的防空地下室，可不设内部电站，但应对战时一级负荷设置蓄电池组（UPS、EPS）自备电源，同时要引接区域电源来保证战时二级负荷的供电。确无区域电源的防空地下室，应设置蓄电池组（UPS、EPS）自备电源，供给一级、二级负荷用电，同时也可采用一些应急辅助措施，如采用手提式应急灯和手电筒等简易照明器材，和采用手摇、脚踏电动风机及手摇、电动水泵等，这是在困难情况下的一种应急辅助措施。"

小于 5000m^2 人防工程的战时电源设计应首先考虑引接区域电源，但是区域电源的设置原则上是由人防主管部门规划的，在实施过程中由于各种原因不能落实到位。当在工程设计中得不到明确答复时，建议按照"无法引接区域电源的防空地下室，战时一级、二级负荷应在室内设置蓄电池组电源"来设计。

对于同一建筑小区（一般指房地产公司）分期分批建造的人防工程，先期人防工程建筑面积小于 5000m^2 未引接区域电源或设置内部电站，但在后续工程建造中，其累计人防工程建筑面积超过 5000m^2 时，按规范规定应设置区域电站，该区域电站应将先期建造小于 5000m^2 人防工程的用电量统计进去。在这种情况下，小于 5000m^2 人防工程的战时电源应按有区域电源设计。

对于零星分散的小于 5000m^2 人防工程的战时电源引接区域电源，还应考虑安全性和可靠性。虽然 380V/220V 的低压供电半径一般可取 500m，但由于电缆埋地敷设长度长，电压降大，截面粗，不经济，可靠性差，建议控制在 500m 范围以内。

45. 救护站的三种通风方式装置系统的负荷等级？

[问题补充]《人民防空地下室设计规范》GB 50038—2005 与《人民防空医疗救护工程设计标准》RFJ 005—2011 中规定不一致，救护站的三种通风方式装置系统应为几级负荷？

应按照《人民防空医疗救护工程设计标准》RFJ 005—2011 第 6.2.3 条附表中，救护站的三种通风方式信号装置系统为战时一级负荷。

（1）规范、标准应用的一般原则是：同一技术要求在新标准中与前期出版的规范、标准条款不同时，应以最新版为准。

（2）在编制《人民防空医疗救护工程设计标准》RFJ 005—2011 时，通过调查以及征求意见后认为原先在《人民防空地下室设计规范》GB 50038—2005 第 7.2.4 条附表中，救护站的三种通风方式装置系统为战时二级负荷要求偏低，应予以提高要求。

（3）《人民防空地下室设计规范》GB 50038—2005 中救护站工程是按照 5000m^2 设置电站的标准设置内电源（柴油电站）的，《人民防空医疗救护工程设计标准》RFJ 005—2011 则明确要求救护站工程配置移动电站，内电源的可靠性显著提高。

46. 汽车停车库内的电动汽车充电桩如何供电？对人防有何影响？

该充电设施不属于人防工程的战时用电负荷内容，属于平时功能需要，划入平时负荷等级。而且负荷用电量大。设计时应设置专用配电系统和配电箱配电，完全按《电动汽车分散充电设施工程技术标准》GB/T 51313—2018 执行。战时该系统不使用，因而不应与防护单元内人防电源配电箱结合设计。

第 3 章

配电

47. 物资库的配电箱怎么设置?

[问题补充] 人员掩蔽部战时配电间可与防化通信值班室合用,物资库是否必须设置战时配电室,无配电室时配电箱该怎么设置?

《人民防空地下室设计规范》GB 50038—2005 第 3.5.7 条:"每个防护单元宜设一个配电室,配电室也可与防化通信值班室合并设置。""宜"为允许稍有选择,在条件许可时,首先应该这样做。规范并未强调必须设置战时配电室。物资库无配电室时人防电源配电柜(箱)宜设置在清洁区的靠近负荷中心和便于操作维护处,可设置在管理值班室或专设一间配电间或物资库防护单元战时配电间也可和战时风机房等设备间合并设置。

根据《人民防空地下室设计规范》GB 50038—2005 第 7.3.2 条:"每个防护单元内的人防电源配电柜(箱)宜设置在清洁区内,并靠近负荷中心和便于操作维护处,可设在值班室或防化通信值班室内。"以及其条文说明:"每个防护单元有独立的防护能力和使用功能。配电箱设置在清洁区的值班室或防化通信值班室内是为了管理、安全、操作、控制、使用方便。专业队装备掩蔽部、汽车库等室内无清洁区,配电箱可设置在染毒区内。"

48. 中心医院、急救医院战时为何应设置火灾自动报警系统?

[问题补充] 如何理解《人民防空地下室设计规范》GB 50038—2005 规定中心医院、急救医院应设置火灾自动报警系统,是满足战时消防需要吗?

中心医院、急救医院应设置火灾自动报警系统,是满足平时消防需要。

根据《人民防空工程设计防火规范》GB 50098—2009 第 8.4.1 条:"下列人防工程或部位应设置火灾自动报警系统:1 建筑面积大于 500m² 的地下商店、展览厅和健身体育场所;2 建筑面积大于 1000m² 的丙、丁类生产车间和丙、丁类物品库房;3 重要的通信机房和电子计算机机房,柴油发电机房和变配电室,重要的实验室和图书、资料、档案库房等;4 歌舞娱乐放映游艺场所。"和《人民防空医疗救护工程设计标准》RFJ 005—2011 第 3.8.4 条:"固定电站工程及设备宜一次施工、安装到位。

移动电站中除柴油发电机组可临战时安装外，其余部分均应一次施工、安装到位。"第 6.8.5 条："中心医院、急救医院工程应设置火灾自动报警系统。"以及其条文说明："本条是依据现行《人民防空工程战术技术要求》的规定制定的，主要为满足平时消防的要求。"另可参考《人民防空医疗救护工程设计标准》RFJ 005—2011 第 4.1.3 条条文说明："新建人防医疗工程一般都要考虑平战结合使用问题，为减少临战时转换的工作量，在系统设置上要尽量做到平时和战时功能一致或相近。在考虑临战前的平战换转措施时，应满足相关规范的规定。平战结合的人防医疗工程平时功能设计，应执行国家现行相关规范。平时使用的工程，应按国家有关消防设计规范进行消防设计，战时可不考虑消防。"

49. 防化通信值班室已经设置了三防控制箱，能否取消设置三防信号箱？

[问题补充] 设置有三防控制箱的防化通信值班室是否可以不设置三防信号箱？

防化通信值班室内可不设置三种通风方式信号灯箱。

《人民防空地下室设计规范》GB 50038—2005 第 7.3.7 条："设有清洁式、滤毒式、隔绝式三种通风方式的防空地下室，应在每个防护单元内设置三种通风方式信号装置系统，并应符合下列规定：1. 三种通风方式信号控制箱宜设置在值班室或防化通信值班室内。灯光信号和音响应采用集中或自动控制；2. 在战时进风机室、排风机室、防化通信值班室、值班室、柴油发电机房、电站控制室、人员出入口（包括连通口）最里一道密闭门内侧和其他需要设置的地方，应设置显示三种通风方式的灯箱和音响装置，应采用红色灯光表示隔绝式、黄色灯光表示滤毒式、绿色灯光表示清洁式，并宜加注文字标识。"和第 7.3.7 条条文说明："第 1 款：为了保证战时室内的人员安全，设置显示三种通风方式信号指示的独立系统。在不同的通风方式情况下，在重要的各地点均能及时显示工况，可起到控制人员出入防空地下室，转换操作有关通风机、密闭阀门等设备，实施通风方式转换，迅速、及时告知掩蔽人员等作用。这些信号指示，通常以灯光和音响来显示。通风方式转换的指令应由上级指挥所发来或由本工程防化通信值班室实际检测后作出决定。"

三种通风方式信号指示系统为人防地下室内设置的独立系统，主要由三种通风方式信号控制箱和三种通风方式信号指示灯箱组成，如图 3-1 所示。三种通风方式信号控制箱宜设置在防化通信值班室或值班室内。三种通风方式信号指示灯箱设置在战时进风机室、排风机室、防化通信值班室、值班室、柴油发电机房、电站控制室、人员出入口（包括连通口）最里一道密闭门内侧和其他需要设置的地方。

是否设置三种通风方式信号指示灯箱，按下列要求设计：

（1）当三种通风方式信号控制箱设置在防化通信值班室时，防化通信值班室可不设置三种通风方式信号指示灯箱，而值班室应设置三种通风方式信号指示灯箱；

（2）当三种通风方式信号控制箱设置在值班室时，值班室内可不设置三种通风方式信号指示灯箱，而防化通信值班室应设置三种通风方式信号指示灯箱；

（3）当防化通信值班室与值班室共用时，在防化通信值班室只设置三种通风方式信号控制箱。

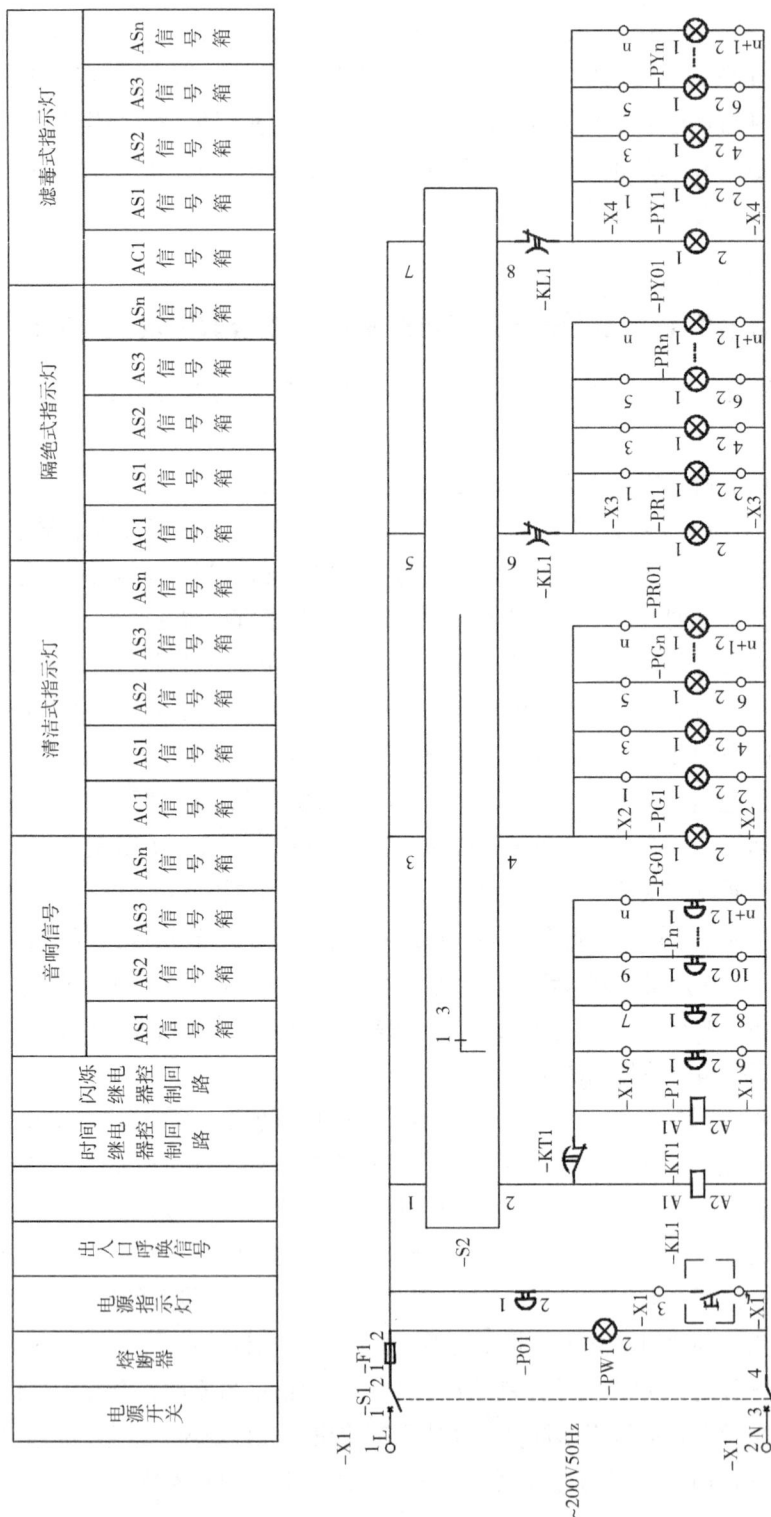

图 3-1　三种通风方式信号指示系统

50. 人防音响信号按钮应如何设计？

[问题补充] 人防工程电气设计中音响信号按钮应该如何设计才符合规范的要求？

（1）人防音响信号按钮设置的相关规定：

《人民防空地下室设计规范》GB 50038—2005 第 7.3.8 条："设有清洁式、滤毒式、隔绝式三种通风方式的防空地下室，每个防护单元战时人员主要出入口防护密闭门外侧，应设置有防护能力的音响信号按钮。"

《人民防空医疗救护工程设计标准》RFJ 005—2011 第 6.4.2 条："应在下列位置设置有防护能力的音响信号按钮：

1 应在第一密闭区战时人员主要出入口第一防毒通道的防护密闭门外侧，设置有防护能力的音响信号按钮，音响信号应设置在第一密闭区防毒通道密闭门内侧的门框墙上部。

2 由第一密闭区（分类厅）进入到第二密闭区，应在第二防毒通道的第一道密闭门外侧设置音响信号按钮，音响信号应设置在第二密闭区的防化通信值班室内。

3 应在第二密闭区战时人员主要出入口防毒通道的防护密闭门外侧，设置有防护能力的音响信号按钮，音响信号应设置在第二密闭区的防化通信值班室内。"

《人民防空医疗救护工程设计标准》RFJ 005—2011 第 6.4.2 条条文说明："人防医疗工程不同于其他类型的人员掩蔽所工程，战时主要出入口的数量不同，每个主要出入口都应设置音响信号按钮。"

《人民防空医疗救护工程设计标准》RFJ 005—2011 第 3.2.1 条："中心医院不应少于 3 个出入口，且其中至少有 2 个直通室外地面的出入口（防空地下室应为室外出入口，下同），并应分别作为战时的第一、第二主要出入口。急救医院、救护站不应少于 2 个出入口，且其中至少有 1 个直通室外地面的出入口，并应作为战时的主要出入口。"

（2）人防音响信号按钮的用途：

《人民防空地下室设计规范》GB 50038—2005 第 7.3.8 条条文说明："在防护密闭门外设置呼唤音响按钮，是指在滤毒式通风时，要实施控制人员出入，不同类型的防空地下室有不同的人数比例。当外部人员要进入防空地下室内之前，首先要得到内部值班管理人员的允许才能进入。而且还要经过洗消间或简易洗消间的洗消处理，为此需设置联络信号。"

当人防工程内处于滤毒式通风工况时，此时有人员从人防工程外需要进入人防内，为防止外部进入人员将染毒物、放射性等有毒、有害的毒剂、气体等带入工程内，人防工程规定必须从防护单元的主要出入口才能进入，并需要进行洗消或简易洗消处理。主要出入口设置防毒通道，防化丙级时，工程内主体空气超压 30Pa，防毒通道设有超压排风，防毒通道内换气次数 40~50 次/h。防化甲、乙级标准更高。防护单元的次要出入口无此通风、洗消功能，所以不允许人员进出。防化通信值班室中设有三种通风方式信号控制箱，箱内设有音响和灯光信号。通过音响信号按钮通知防化通信值班室中的值班人员，告知有人需要进入，需要征得同意后才能进入。

对于设有三种通风方式的人防工程，一般每个防护单元只设 1 个主要出入口，但对一个防护单元设有多个主要出入口的人防工程，均应在防护密闭门外侧设置音响信号按钮，而且在三种通风方式信号控制箱内设有能区别的音响和灯光信号，确定是哪个出入口有人进入，如图 3-2 所示。

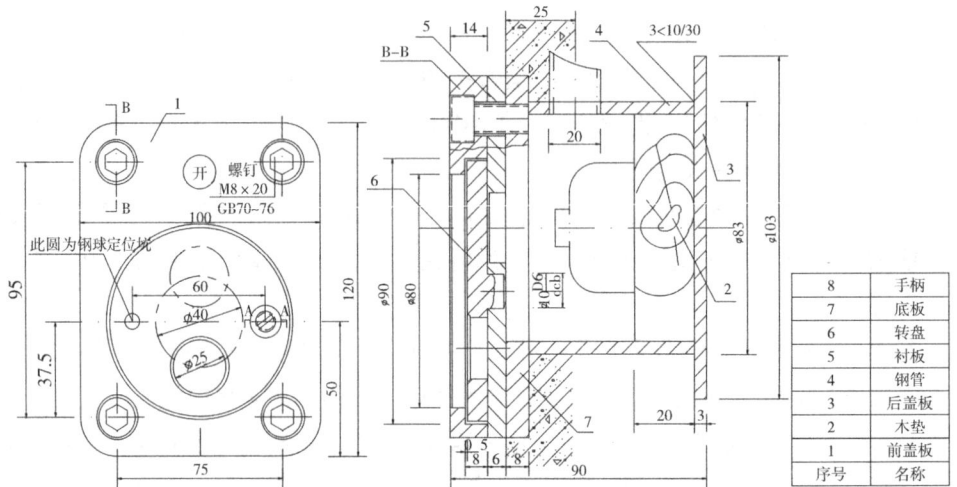

图 3-2　人防音响信号按钮结构图

（3）人防音响信号按钮的设计：

《人民防空工程防化设计规范》RFJ 013—2010 第 7.2.5 条要求："战时出入口最外一道防护密闭门或防护门外侧，应设置有防护能力的音响信号按钮。"该条条文表述有误，应该修改为是在"战时主要出入口最外一道防护密闭门或防护门外侧"，否则与防化洗消、通风要求有矛盾，设计中应予以纠正。

人防音响信号按钮应参照上述相关规范、标准，在战时人员主要出入口最外一道防护密闭门或防护门外侧设置，且应设置在有防护能力的墙体上。医疗救护工程还应在第二防毒通道第一道密闭门外侧设置音响信号按钮。设置在防护密闭门、防护门外侧的音响信号按钮会受到核武器和常规武器的冲击波作用，所以音响信号按钮需要有防护能力的外壳保护。人防音响信号按钮应采用嵌墙暗装的安装方式，一般距地 1.2~1.4m，设置位置应便于人员发现及使用，并考虑避开防护门、防护密闭门以及临战堆砌砂袋的遮挡。人防音响信号按钮及信号线路应平时安装、敷设到位，其信号线路采用暗敷的方式引入工程内部，穿越（防护）密闭隔墙时应有相应的（防护）密闭处理措施，如图 3-3 所示。

51. 人防工程的消防控制室，是否需要直通室外？

消防控制室应设置在地下一层，并应邻近直接通向（以下简称直通）地面的安全出口；消防控制室可设置在值班室、变配电室等房间内；当地面建筑设置有消防控制室时，可与地面建筑消防控制室合用。

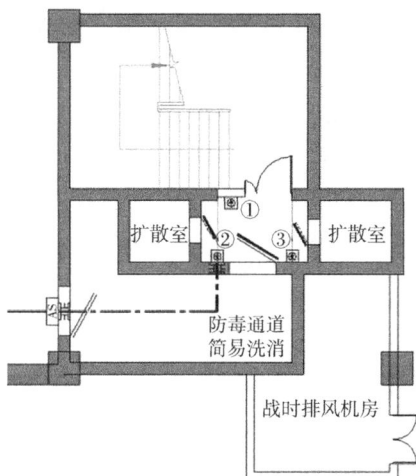

图 3-3　人防音响信号按钮设计示意图
1 设置在了砖墙上；3 设置在了门后，宜设置在位置 2，若位置 2 无法设置，也可设在门后

《人民防空工程设计防火规范》GB 50098—2009 第 3.1.9 条规定："消防控制室应设置在地下一层，并应邻近直接通向（以下简称直通）地面的安全出口；消防控制室可设置在值班室、变配电室等房间内；当地面建筑设置有消防控制室时，可与地面建筑消防控制室合用。消防控制室的防火分隔应符合本规范第 4.2.4 条的规定。"因此，地面建筑对消防控制室的要求也运用人防工程。地面建筑相关要求如下：火灾自动报警系统中的集中报警系统应设置消防控制室（见《火灾自动报警系统设计规范》GB 50116—2013 第 3.2.1 条第 2 款）；消防控制室宜设置在建筑物首层或地下一层，宜选择有便于通向室外的部位（见《民用建筑电气设计标准》GB 51348—2019 第 13.3.1 条）；消防控制室的疏散门应直通室外或安全出口 [见《建筑设计防火规范》（2018 年版）GB 50016—2014 第 8.1.7 条第 4 款]。

根据上述规范及要求，在人防高等级工程中消防控制室疏散门的设置具体做法可作以下考虑：

（1）消防控制室设置在地下一层时可以采取下列做法：消防控制室疏散门经疏散通道（不经过其他房间）至疏散楼梯间，经疏散楼梯间至地面安全出口（要求消防控制室疏散门至安全出口距离不大于 20m）。

（2）消防控制室设置在地面建筑的首层时，可以采取下列做法之一：

①消防控制室疏散门直通室外；

②消防控制室疏散门直通安全出口。

52. 人防工程的配电箱是否应预留备用回路？如何选择断路器？

[问题补充] 人防工程内外电源总配电箱、区域分配电箱和平战结合使用的防护单元总配电箱等供工程内一级、二级负荷使用的电源箱内是否应预留备用回路？留

多少备用回路才符合要求？备用回路的保护开关额定电流值如何设置？

（1）人防配电箱（柜）应预留备用回路

①配电箱（柜）预留备用回路有以下用途：供临时用电设备使用；供更新改造项目中高要求的"割接"步骤使用等。

②人防工程国标图集对配电（箱）柜预留回路有要求：见《防空地下室施工图设计深度要求及图样》08FJ06 第 7-5 页附注 7 说明；《防空地下室移动柴油电站》07FJ05 第 21 页 APE 箱系统图；《防空地下室固定柴油电站》08FJ04 第 62 页总配电示意图中配电框 AA1、AA7 和 AA8。

（2）预留备用回路的数量

在《全国民用建筑工程设计技术措施　防空地下室》2009JSCS—6 中第 6.3.5 条第 5 款："箱内应设有不少于 2 个出线备用回路。"

（3）预留备用回路的断路器整定值

备用回路断路器整定值以此箱（柜）中在用回路中占比最大的整定值为宜。

53. 防护区内外的战时负荷共用配电回路，如何设计？

根据《人民防空地下室设计规范》GB 50038—2005 第 7.5.16 条条文说明："当非防护区与防护区内照明灯具合用同一回路时，非防护区的照明灯具、线路战时一旦被破坏，发生短路会影响到防护区内的照明。"同样道理，无论对于插座回路还是控制箱链式配电，当防护区外线路受到破坏发生短路故障时，如果防护隔墙内侧没有设置能够切除短路故障的相关措施，带来的后果均是回路断路器跳闸，从而影响防护区内用电设备的正常用电 。因此，如图 3-4 所示，只要是防护区内外用电设备共用同一回路，为了不让防护区外线路故障而影响防护区内设备的正常供电，都需要满足《人民防空地下室设计规范》GB 50038—2005 第 7.5.16 条"从防护区内引到非防护区的照明电源回路，当防护区内和非防护区灯具共用一个电源回路时，应在防护密闭门内侧、临战封堵处内侧设置短路保护装置，或对非防护区的灯具设置单独

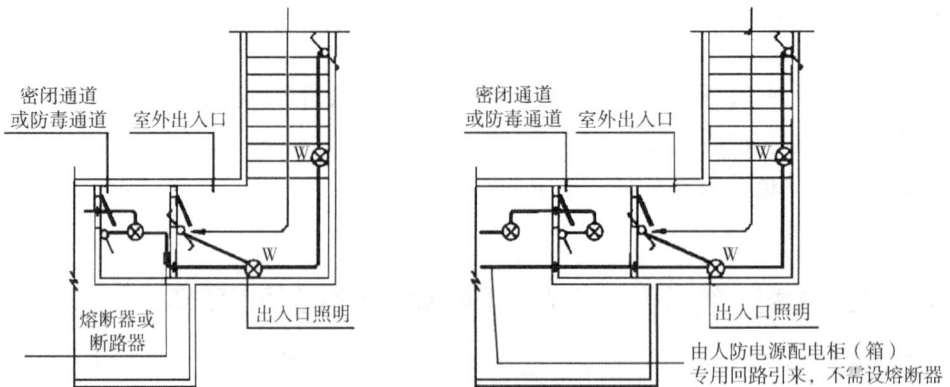

图 3-4　共用配电回路设计示意图

回路供电"要求。换言之，第 7.5.16 条要求应该扩大到所有战时用电设备（含平战合用设备），而不应该是仅仅限于照明回路。

54. 防空专业队工程连通口需要设置一个音响信号按钮吗？

[问题补充] 防空专业队工程连通口专业队装备掩蔽部侧有无必要设置一个音响信号按钮？

在专业队队员掩蔽部与专业队装备掩蔽部间的连通口处专业队装备掩蔽部侧应设置音响信号按钮，如图 3-5 所示。

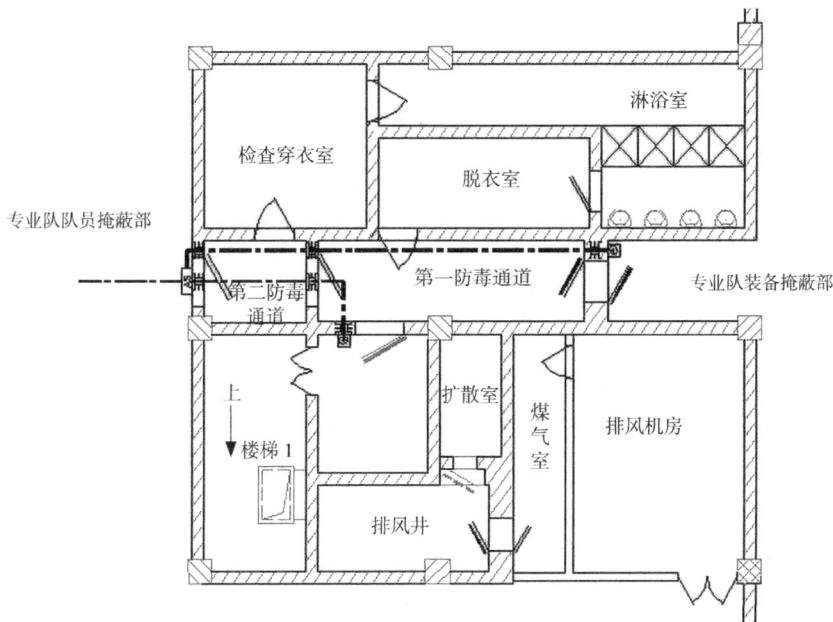

图 3-5　连通口人防音响信号按钮设计示意图

理由如下：

（1）有设置的需要。专业队装备掩蔽部中的人员要进入专业队队员掩蔽部内，这是一条便捷的路线。不由此进入队员掩蔽部就要绕道从第一防毒通道外的楼梯经人防主要出入口进入，这样就增加了人员的风险。

（2）滤毒通风时，专业队装备掩蔽部内人员必须从脱衣间经过淋浴洗消后，才能进入专业队队员掩蔽部。因为专业队装备掩蔽部是轻微染毒区，专业队队员掩蔽部是完全清洁区。

55. 防火分区划分为相邻两个防护单元，可否共用一套照明配电箱？

[问题补充] 如果一个防火分区划分为相邻两个防护单元，两个防护单元可否共用一套照明配电设备？

两个防护单元不应共用一套照明配电系统。

根据《人防防空地下室设计规范》GB 50038—2005 第 7.2.14 条第 1 款："每个防护单元应设置人防电源配电柜（箱），自成配电系统；"第 7.2.14 条条文说明："第 1 款是为保障每个防护单元在战时有相对的独立性，当相邻防护单元被破坏时，仍能独立使用；"所以各单元应独立设置照明箱。

根据设计规范要求，防护单元应各自独立设置照明箱，不得与其他单元共用照明箱。

当防护单元面积过大时，照明配电箱应按平时防火分区设置若干分区照明配电箱。

56. 柴油发电机房内的通风方式信号灯箱设置什么位置比较合理？

[问题补充] 柴油发电机房内的通风方式信号灯箱应设置在什么位置比较合理，符合使用要求？

按图集《防空地下室移动柴油电站》07FJ05、《防空地下室固定柴油电站》08FJ04 相关平面图做法，可参照设置通风方式信号灯箱的设计位置。

根据《人民防空地下室设计规范》GB 50038—2005 第 7.3.7 条条文说明，设置通风方式信号灯的目的是在重要的各地点均能及时显示工况，柴油电站中通风方式信号灯的设置位置规范中并未明确要求，只要是设置在方便人员观察的位置应该都是可以的。具体设置可以参照现有图集做法。

移动电站设置位置如图 3-6 中 AS2 所示。

固定电站设置位置如图 3-7 中 AS2 所示。

如移动电站结合人防汽车库或专业队装备掩蔽部设计（图 3-8），电站所在的防护单元无三种通风方式装置系统，电站内则无需设置通风方式信号灯。

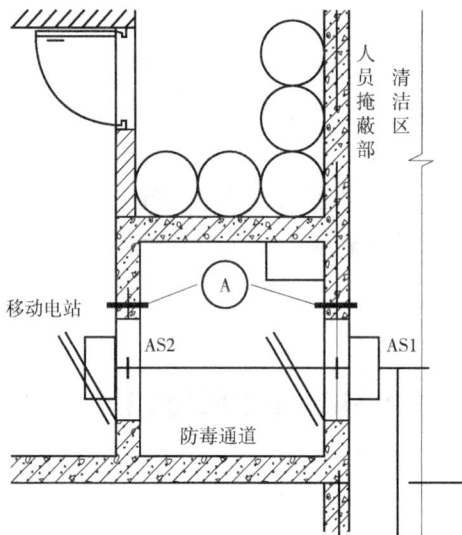

图 3-6 移动电站三种通风方式信号灯箱设计示意图   图 3-7 固定电站三种通风方式信号灯箱设计示意图

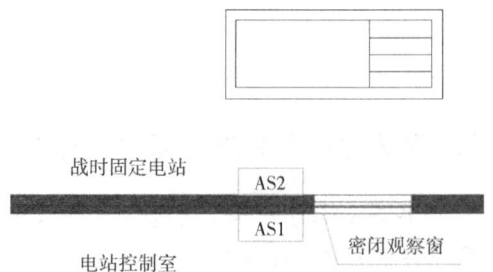

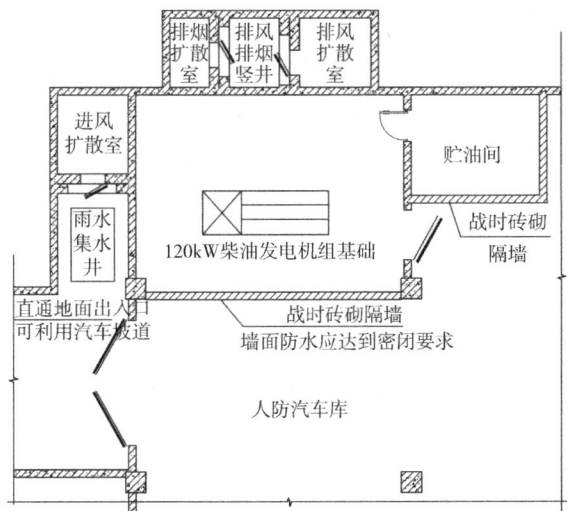

图 3-8　人防汽车库结合设置的移动电站设计示意图

57. 战时物资库是否需要设置三种通风方式信号装置系统？

[问题补充] 战时物资库工程是否需要设置三种通风方式信号装置系统？

战时物资库是否需要设置三种通风方式信号装置系统应依据暖通专业条件确定。

根据《人民防空地下室设计规范》GB 50038—2005 第 7.3.7 条："设有清洁式、滤毒式、隔绝式三种通风方式的防空地下室，应在每个防护单元内设置三种通风方式信号装置系统，并应符合下列规定：

1 三种通风方式信号控制箱宜设置在值班室或防化通信值班室内。灯光信号和音响应采用集中或自动控制；

2 在战时进风机室、排风机室、防化通信值班室、值班室、柴油发电机房、电站控制室、人员出入口（包括连通口）最里一道密闭门内侧和其他需要设置的地方，应设置显示三种通风方式的灯箱和音响装置，应采用红色灯光表示隔绝式，黄色灯光表示滤毒式、绿色灯光表示清洁式，并宜加注文字标识。"

根据《人民防空地下室设计规范》GB 50038—2005 第 5.2.1 条，防空地下室的防护通风设计应符合下列要求：战时为物资库的防空地下室，应设置清洁通风和隔绝防护。滤毒通风的设置可根据实际需要确定。如物资库设置了滤毒通风则需要设置三种通风方式信号装置系统，若物资库仅设置了清洁通风和隔绝防护则不需要设置三种通风方式信号装置系统。

58. 多个进排风系统的二等人员掩蔽部如何设置三种通风方式控制系统？

[问题补充] 当同一个二等人员掩蔽部内包含有几个进排风系统时如何设置三防控制系统？

　　三种通风方式信号装置系统是以防护单元设置的，对于多个人防防护单元的工程，应按防护单元各自独立设置 1 套三种通风方式信号装置系统。对于地下二层不按人防建筑面积要求划分防护单元的工程，也只需要设置 1 套三种通风方式信号装置系统，但若有多个战时人员主要出入口时，应在各人员主要出入口的防护密闭门外设置呼唤信号按钮。

　　根据《人民防空地下室设计规范》GB 50038—2005 第 7.3.7 条："设有清洁式、滤毒式、隔绝式三种通风方式的防空地下室，应在每个防护单元内设置三种通风方式信号装置系统，并应符合下列规定：

　　1 三种通风方式信号控制箱宜设置在值班室或防化通信值班室内。灯光信号和音响应采用集中或自动控制；

　　2 在战时进风机室、排风机室、防化通信值班室、值班室、柴油发电机房、电站控制室、人员出入口（包括连通口）最里一道密闭门内侧和其他需要设置的地方，应设置显示三种通风方式的灯箱和音响装置，应采用红色灯光表示隔绝式、黄色灯光表示滤毒式、绿色灯光表示清洁式，并宜加注文字标识。"

　　医疗救护工程，防空专业队掩蔽工程，一等、二等人员掩蔽工程，工程具有"三防"要求，即"防核武器、生物武器、化学武器"，其中防化学、防生物武器工程有防毒要求，因此，通风系统设计有 3 种工况，它们分别是：

　　（1）清洁式通风：人员出入口的防护密闭门、密闭门可随时打开、关闭，人员进出不受控制。

　　（2）滤毒式通风：人防工程内人员进出受控制，此时只在每个防护单元的主要出入口允许人员出入，人员必须经过洗消间或简易洗消间洗消后才能进入人防工程内，而且出入人数受到限制。

　　（3）隔绝式通风：各出入口的防护密闭门、密闭门全部关闭，通向外部的进、排风管全部关闭，开内部循环风机进行内部循环通风，此时不允许内、外人员的出入。

　　通风系统的工况是根据上级下达的指令或直接通过防化检测探头探测到的外部染毒情况来决定的，并需要迅速及时地转换通风机械的运转，及时关闭转换各类风机、水泵、管道、密闭阀门以及控制各出入口的防护密闭门、密闭门的开与关，控制人员有序地进出。这些工作均需通过通风方式信号装置系统的指令来统一指挥，由它发出灯光和声响信号来通知各有关部位，供有关人员进行转换操作。工程中以防护单元为单位，各有独立的系统，在值班室或防化通信值班室中设置通风方式信号控制箱，在战时进风机室、排风机室、防化通信值班室、值班室、柴油发电机房、电站控制室、人员出入口（包括连通口）最里一道密闭门内侧和其他需要设置的地方，应设置显示三种通风方式的灯箱和音响装置。

　　防空地下室通风方式信号布置示意图，如图 3-9 所示。

　　根据《人民防空地下室设计规范》GB 50038—2005 第 7.3.8 条："设有清洁式、滤毒式、隔绝式三种通风方式的防空地下室，每个防护单元战时人员主要出入口防护密闭门外侧，应设置有防护能力的音响信号按钮，音响信号应设置在值班室或防

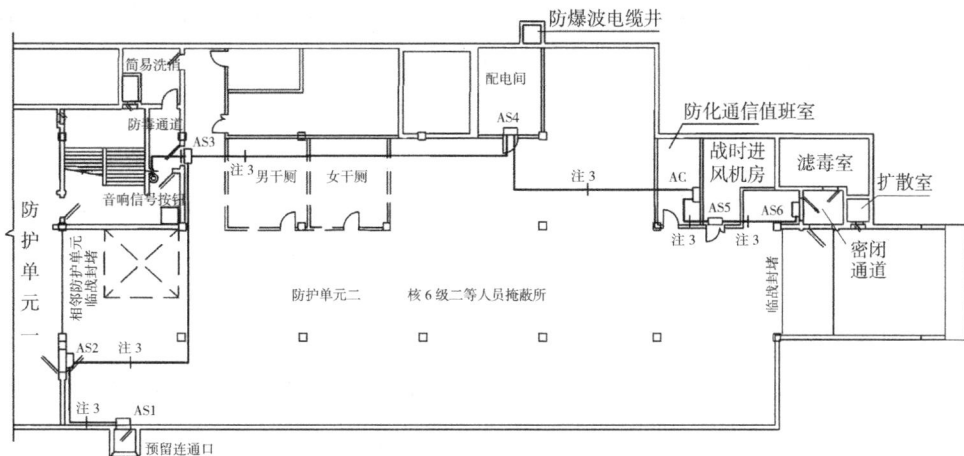

图 3-9　防空地下室通风方式信号布置示例

化通信值班室内。"其条文说明："在防护密闭门外设置呼唤音响按钮，是指在滤毒式通风时，要实施控制人员出入，不同类型的防空地下室有不同的人数比例。在外部人员要进入防空地下室内之前，首先要得到内部值班管理人员的允许才能进入。而且还要经过洗消间或简易洗消间的洗消处理。为此需设置联络信号。"呼唤按钮的设置图，如图 3-10 所示。

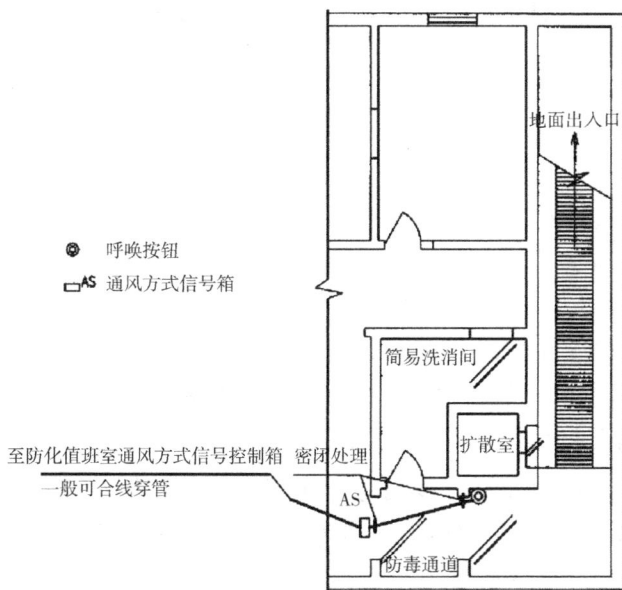

1. 每个防护单元只在主要出入口设置一个呼唤按钮，配套工程的物资库、汽车库工程不需设置呼唤按钮。
2. 呼唤按钮的主要用途是供工程内处于滤毒式通风时，按允许外部人员进入的比例，通过呼唤按钮给值班室请示信号。
3. 呼唤按钮应具有与所在的防护单元抗力相一致的防护功能。
4. 若工程平时使用需要设置门铃按钮时，应与本系统分开设置。为避免混淆，战时应撤除。

图 3-10　呼唤按钮设置示意图

根据《人民防空地下室设计规范》GB 50038—2005 第 3.2.6 条第 3 款："对于多层的乙类防空地下室和多层的核 5 级、核 6 级、核 6B 级的甲类防空地下室，当其上下相邻楼层划分为不同防护单元时，位于下层及以下的各层可不再划分防护单元和抗爆单元。"

对于地下二层不按人防建筑面积要求划分防护单元的人防工程，即使该防护单元内设置有多个战时进风机房和战时排风机房的战时进排风系统，也只需要设置 1 套三种通风方式信号装置系统。但如果该防护单元设置有多个战时人员主要出入口时，应在各主要人员出入口的防护密闭门外设置呼唤信号按钮，并且这套三种通风方式信号装置系统能够区分出各战时人员主要出入口处呼唤按钮的呼叫信号，如图 3-11 所示。

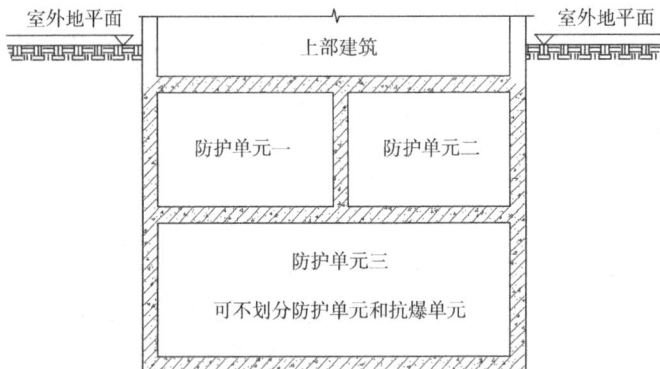

图 3-11   多层防空地下室设置示意图

59. 地下二层不划分防护单元的人防工程，如何设置防化通信值班室？

[问题补充] 对于地下二层不按人防建筑面积要求划分防护单元的人防工程，如何设置防化通信值班室？

设置一个防化通信值班室。

按《人民防空地下室设计规范》GB 50038—2005 第 7.3.7 条条文说明："通风方式转换的指令应由上级指挥所发来或由本工程的防化通信值班室实际检测后作出决定。"所以防化通信值班室也应只设一个。

《人民防空地下室设计规范》GB 50038—2005 第 3.5.6 条对防护单元内设置防化通信值班室也有明确规定："医疗救护工程、专业队队员掩蔽部、人员掩蔽工程以及生产车间、食品站等在进风系统中设有滤毒通风的防空地下室，应在其清洁区内的进风口附近设置防化通信值班室。医疗救护工程、专业队队员掩蔽部、一等人员掩蔽所、生产车间和食品站等防空地下室的防化通信值班室的建筑面积可按 $10\sim12m^2$ 确定；二等人员掩蔽所的防化通信值班室的建筑面积可按 $8\sim10m^2$ 确定。"

60. 防护单元的密闭通道防护密闭门外侧，是否设置音响信号按钮？

[问题补充] 防护单元的密闭通道防护密闭门外侧，是否需要设置有防护能力的音响信号按钮？

不需要设置。

《人民防空地下室设计规范》GB 50038—2005 第 7.3.8 条条文说明："在防护密闭门外设置呼唤音响按钮，是指在滤毒式通风时，要实施控制人员出入，不同类型的防空地下室有不同的人数比例。当外部人员要进入防空地下室内之前，首先要得到内部值班管理人员的允许才能进入。而且还要经过洗消间或简易洗消间的洗消处理。为此需设置联络信号。"人员掩蔽部工程包括战时人员次要出入口的密闭通道一般没有设置简易洗消及排风相关功能，在工程内实施滤毒通风时，是不允许人员进出的，所以密闭通道防护密闭门外无需设置音响信号按钮。

《人民防空工程防化设计规范》RFJ 013—2010 第 7.2.5 条要求："战时出入口最外一道防护密闭门或防护门外侧，应设置有防护能力的音响信号按钮。"该条条文表述有误，应该修改为是在"战时主要出入口最外一道防护密闭门或防护门外侧"，否则与防化洗消、通风要求有矛盾，设计中应予以纠正。

61. 是否需要在控制室与电站机房之间防毒通道设置防爆呼叫按钮？

[问题补充] 固定柴油电站是否需要在控制室与电站机房之间防毒通道一侧墙体上设置防爆呼叫按钮？移动柴油电站是否需要在清洁区与电站之间防毒通道一侧墙体上设置防爆呼叫按钮？

电站防毒通道处不需要设置防爆呼唤按钮。

人防工程中设置防爆呼唤按钮的用途是：当人防工程内处于滤毒式通风工况时，此时有人员需要从人防工程外进入人防内，为防止外部进入人员将染毒物、放射性等有毒有害毒剂、气体等带入工程内，人防工程规定必须从防护单元的主要出入口才能进入，并需要进行洗消或简易洗消处理。通过防爆呼唤按钮通知防化通信值班室中的值班人员，告知有人需要进入，需要征得同意后才能进入。

工作人员在滤毒通风状态下需要进入电站，防毒通道内必须处于超压，压差为 30~50Pa 时人员可由防毒通道进入电站，此种状态应穿戴防毒设施，在完成维修等紧急任务后返回电站，此时防毒通道处于超压状态，人员可由防毒通道经简单洗消后进入清洁区，设置呼唤按钮亦无意义。

62. 核（常）5、6 级人防工程如何设置三种通风方式控制箱？

[问题补充] 核（常）5、6 级人防工程设置三种通风方式控制箱，是否只按《防空地下室电气设备安装》07FD02 第 33 页设置通风方式信号控制箱？在何种情况

下需要设置 07FD02 第 37 页所示联动？

国家建筑标准设计图集《防空地下室电气设备安装》07FD02 中第 33 页"防空地下室通风方式信号布置示例图"是参照第 12 页"通风方式信号控制电路图"的布置图，只具备三种通风方式信号显示功能，适用于未设置电动阀门且不要求控制风机等动力设备的防化等级为丙级的人防地下室；第 37 页"控制信号配线示意图"中控制箱除了设有三种通风方式信号显示功能外，还增加了对风机、阀门等联动控制功能，适用于防化级别为乙级以上的工程。以上两张图均是依据《人民防空地下室设计规范》GB 50038—2005 第 7.3.7 条要求设计的方案图，供设计人员选用的。对三种通风方式是采用集中控制转换的形式。是否对相关的风机、电动阀门进行联锁控制，设计规范没有对 5、6 级人防工程明确要求在转换通风方式的同时需要联动，而是通过三种通风方式信号灯箱显示的声响信号，指示操作人员到现场操作风机、阀门。在工程设计中，对第 33 页图的采用较普遍，这也是对第 37 页图很少采用的原因，但该联锁方案在较高级别的指挥所工程或有特殊要求的 5、6 级人防工程中经常采用。

关于三种通风方式信号的控制，在《人民防空地下室设计规范》GB 50038—2005 第 7.3.7 条和《人民防空工程防化设计规范》RFJ 013—2010 第 7.2.3 条："清洁式、滤毒式和隔绝式通风方式的声光信号控制箱应设在防化值班室和控制室，显示三种通风方式的声光信号箱应设置在电站、控制室 / 配电室、风机室、指挥室、作战值班室、防化化验室、防化值班室、出入口最后一道密闭门的内侧和其他需要设置的地方。"技术规范要求是基本一致的。

63. 单独设置的配电间需要设三种通风方式信号灯箱吗？

[问题补充] 未和防化通信值班室合用的配电间内需要设三种通风方式信号灯箱吗？

不需要设置。理由是：

（1）设置三种通风方式信号灯箱的工程是防化等级为甲、乙、丙级的人防工程。一般是指中心医院、急救医院、救护站、专业队人员掩蔽部、一等人员掩蔽部、二等人员掩蔽部等工程。该类工程要求设置防化通信值班室，一般又规定人防电源配电箱设置在防化通信值班室内，防护单元内一般不再设置配电间，也不存在这个问题。若在防护单元内设有配电间，也可能是平时功能需要，与工程内防化无直接关系，因此可以不设置。若防护单元人防电源配电箱设置在此配电间内，则需要设置三种通风方式信号灯箱。

（2）物资库、汽车库、专业队装备掩蔽部等工程，防化等级为丁级或允许轻微染毒。它不设置防化通信值班室，没有滤毒式通风工况，因此工程内不需要设置三种通风方式信号系统，也就不需要设置三种通风方式信号灯箱。

64.战时人员掩蔽部不考虑消防设计是否欠妥?

[问题补充] 战时人员掩蔽部工程人员较多,存在较大火灾安全隐患,不考虑消防设计是否合适?

人防工程不需要考虑战时消防的火灾自动报警系统、室内外消火栓系统、自动喷水灭火系统的设计。理由是:

(1)《人民防空工程战术技术要求》中对战时人防工程的消防没有具体要求,主要是由于人防工程战时缺乏消防用水和可靠消防电源,无法完全采用平时的应急救援措施。但是工程内应配备必要的消防器材,如应急照明、灭火器、砂包、手提应急灯具设备、器材等。

(2)现行的《人民防空工程设计防火规范》GB 50098—2009 总则第 1.0.2 条规定:"本规范适用于新建、扩建和改建供下列平时使用的人防工程防火设计:

1 商场、医院、旅馆、餐厅、展览厅、公共娱乐场所、健身体育场所和其他适用的民用场所等;

2 按火灾危险性分类属于丙、丁、戊类的生产车间和物品库房等。"

这里指的都是人防工程平时防火设计要求。

(3)战时配备有消防专业救援队伍,紧急处理人防工程中发生的、需要应急处理消防事故的援救工作。

(4)战时掩蔽人员的人防工程中人数很多,应有组织、有领导、依靠群众。能及时发现火灾事故,将事故处理在苗子状态。

(5)人员掩蔽工程重点应保证照明电源。

65.三种通风方式控制系统前端设备是否有统一标准?

[问题补充] 三种通风方式控制系统前端设备(例如通风方式显示屏、呼叫按钮等)的工作电压是否有统一标准?在实际施工过程中是否可以利用工程内的强电桥架敷设管线?

通风方式装置系统在《人民防空指挥工程设计标准》RFJ 1—1999 中有具体要求。指挥工程中对三种通风方式的转换及风机、电动阀门等设备需要采取集中自动及联动控制。控制电压没有明确统一规定。一般采用交流 AC220V 或直流 DC36V 的。对于控制电源采用直流 DC36V 电压的,其控制线路宜穿管敷设,不能共同敷设于强电桥架或线槽内。

对医疗救护工程、防空专业队工程、一等人员掩蔽部、二等人员掩蔽部等工程,三种通风方式装置系统的设计要求按照《人民防空地下室设计规范》GB 50038—2005 第 7.3.7 条执行。设有清洁式、滤毒式、隔绝式三种通风方式的防空地下室,在每个防护单元内设置三种通风方式信号装置系统,应符合"三种通风方式信号控制箱宜设置在值班室或防化通信值班室内。灯光信号和音响应采用集中或自动控制"的规定。其设计控制原理图按照《防空地下室电气设备安装》07FD02 第 12 页的通风方式信号控制电路图。只要求集中转换三种通风方式，不对风机、风管电动阀门联动控制。所采用的控制电压是交流AC220V。在防空地下室设计中，可将这些控制线缆共同敷设于同一强电桥架内，也可单独穿管敷设。

66. 防护区外战时用排水泵如何进行配电设计？

[问题补充] 人防工程防护区外战时洗消使用排水泵应该如何进行配电设计？

防护区外战时用排水泵的配电设计问题，这里指的是工程口部防护密闭门外集水井的排水泵配电设计问题。应根据其所在位置及使用工况，采取不同的设计方案。从以下四个方面回答：

（1）集水泵的位置不同，配电要求不同：

①工程主要出入口：防护密闭门外集水井内水泵的配电，应由防护单元内人防电源配电箱供电。其配电箱应设置在该口部密闭门以内附近墙面上。电缆穿管密闭处理至集水井处。

②工程次要出入口：防护密闭门外集水井内水泵的配电，可由防护单元内人防电源配电箱供电。也可由防护密闭门外市电配电。

③工程战时采取临战封堵的出入口：防护密闭门外集水井内水泵的配电，一般可采取由防护密闭门外市电配电。

（2）分别配电的原则是根据其战时使用工况来决定的：

①工程主要出入口是防护单元的主要人员出入口，应保证战时通道畅通。集水井内的水不得高出室内地面，特别是雨天不能出现溢水现象。

战时工程遭受核袭击后产生核污染和生化污染。为保证工程在袭击后防护单元内掩蔽人员的安全撤出，首先需要由人防防化专业队人员来负责处理主要出入口口部密闭区及通道的消毒、洗消，洗消用水由防护单元内的生活水箱供应，洗消排水汇集在集水井内，此时由集水泵排出。口部、通道经防化洗消合格后，工程内的掩蔽人员方可从该出入口全部撤离出去。此时集水井水泵的电源原则上由该单元保证供给。由于战后防化工作量巨大，人防防化专业队人员有限，只能保证重点，每个防护单元基本上采取先洗消1个主要出入口。

②工程次要出入口一般是进风口部。当该出入口是室内出入口时，平时集水井一般是没有水的。敞开式出入口雨天会有雨水进来，需要集水井内水泵安装到位进行排水。战时次要出入口是供战前人员疏散进入。战后遭受核袭击后产生核污染和生化污染时，该口部原则上不开放。防护单元内掩蔽人员均从主要出入口撤离出去。

③战时采取临战封堵的一般人员出入口集水井，因战后要拆除封堵构件等工作量较大，时间比较滞后。集水井内有水、没水基本上对工程使用没有影响。对集水泵的配电电源也没有要求。

（3）对于集水泵的配电应区分下列情况进行设计：

①对主要出入口防护密闭门外平战两用集水井的集水泵配电，配电箱应按规范

要求设置在防护单元的清洁区内。

②对仅供战时使用的集水井（平时基本无水）集水泵配电，可在防护单元密闭门内侧设置电源插座箱，或在集水井附近墙面上设置具有防护功能的密闭插座箱，供战时专业队人员采用自带移动水泵用电。

③凡是集水井内的水泵是平战两用的，集水泵均应具有液位自动控制功能。

④主要出入口的集水泵的电源应按人防二级负荷设计，其他部位（除敞开式出入口）集水泵电源按三级负荷设计。

（4）几点建议：

①主要出入口防毒通道内设置的集水井内平时应该没有水的，建议平时不安装集水泵。战时防化丙级简易洗消间储水量为 $0.6 \sim 0.8 \mathrm{m}^3$，集水井的容积是不小于 $1.0 \mathrm{m}^3$，满足储存排水量。整个洗消过程不需要向外排水。建议在简易洗消间设置 1 个三相四孔防溅式插座（离地 1.2m），供战后移动水泵用电。

②对于次要出入口、封堵出入口防护密闭门外的平时没有集水可能，仅战时洗消需要排水的集水泵，平时不设配电电源插座，洗消时采取临时就近引接电源。

67. 多个防护单元人防地下室的通风方式装置系统是否需要相互联络？

[问题补充] 一个大型工程内有多个防护单元人防地下室，其通风方式装置系统是否需要相互联络？

方案一：多个防护单元人防地下室的通风方式装置系统不需要相互联络。

每个防护单元战时电气系统应各自独立、自成系统。当相邻防护单元被破坏时，仍能独立使用。所以多个防护单元的三种通风方式系统不需要组合的。每个单元都有防化通信值班室接收上级指令，或防化人员自行测试室外毒剂。

方案二（改进方案）：多个防护单元人防地下室的通风方式装置系统应按规范要求防护单元独立设计，建议增加防护单元间的联络。

对于未设置毒剂报警器的工程，通风方式转换的指令应由上级指挥所发来或由本工程防化通信值班室实际检测后作出决定。如一个包含多个防护单元的人防地下室，上级指挥机关只需向其中一个防护单元发出指令，其他防护单元同步转换，这样可以提高工作效率；如由防化通信值班室实际检测，亦可提高工作效率，一处检测出了其他防护单元可同时转换。如人防地下室中包含医疗救护工程或专业队工程，设置了毒剂、射线等报警器，工程受到核生化武器打击后报警可及时将报警信号发送到周边的其他工程，以避免贻误战机或带来过大的损失。

68. 防护密闭门外集水井的移动排污泵，如何在清洁区实现控制？

[问题补充] 口部防护密闭门外集水井采用移动排污泵进行排水，如何在清洁区实现控制？

凡是属于战时使用的移动排污泵一律不设计控制箱安装到位（不知道水泵功率大小）。移动泵应该都是人工控制的。人防主要出入口防护密闭门外的集水井是平战合用的，应该在密闭门以内清洁区墙上设置电气控制箱，安装到位，采取液位自动控制。防毒、密闭通道内集水井在密闭通道内设置插座。

（1）对于排污泵的控制应区分下列情况进行设计：

①对主要出入口防护密闭门外平战两用集水井的排污泵控制，控制箱应按规范要求设置在防护单元的清洁区内。

②对仅供战时使用的集水井（平时基本无水）排污泵控制，可在防护单元防护密闭门内侧设置三相四孔电源插座一个，或在集水井附近墙面上设置具有防护功能的密闭插座箱，供战时专业队人员采用自带移动水泵用电。

③集水井的水泵是平战两用的，排污泵应具有液位自动控制功能。

④主要出入口的排污泵的电源应按人防二级负荷设计，其他部位（除敞开式出入口）排污泵电源按三级负荷设计。

（2）几点建议：

①主要出入口防毒通道内设置的集水井内平时应该没有水的，建议平时不安装排污泵。战时防化丙级简易洗消间储水量为 $0.6\sim0.8m^3$，集水井的容积是不小于 $1.0m^3$，满足储存排水量。整个洗消过程不需要向外排水。建议在简易洗消间设置 1 个三相四孔防溅式插座离地 1.2m，供战后移动水泵用电。

②对于次要出入口、封堵出入口防护密闭门外的平时没有集水可能，仅战时洗消需要排水的排污泵，平时不设电源插座。洗消时采取临时就近引接电源，或由专业队人员自带小型燃油移动式水泵排水。

69. 人防风机控制箱是否可以与排污泵共用一个控制箱？

[问题补充] 同一个防护单元内人防风机控制箱是否可以与排污泵共用一个控制箱？

原则上应分别设置电气控制箱。

人防风机控制箱一般是指战时进风机、排风机，设置在工程口部附近，战时使用。人防排污泵有平时或战时专用的，也有平战合用的，而且排污泵一般采用液位自动控制，控制箱配套供货。因此不适合共用一个控制箱。

70. 未设置战时排风机房是否设置通风方式信号灯及战时电话插座？

[问题补充] 未设置战时排风机房，是否需在风机附近墙体设置通风方式信号灯及战时电话插座？

方案一：建筑未设置战时排风机房，且在排风机控制箱位置不能了解工程通风状态情况下电气仍应在排风机控制箱附近墙体设置通风方式信号灯及战时电话插座。

　　在国标图集《防空地下室通风设计（2007 年合订本）》FK01~02 图集号 07FK01 第 26 页、33 页，二等人员掩蔽所（一）、（二）排风口部通风平面图中排风机是可以不设专用排风机房的。所以与设置不设置排风机房无直接关系。作为电气专业的设计，在其他部位的通风方式信号灯箱及战时电话插座都已到位，不能缺此一处。

　　方案二：建筑专业未设置战时排风机房且排风机的设置不满足《人民防空地下室设计规范》GB 50038—2005 第 3.9.5 条"柴油发电机房、通风机室、水泵间及其他产生噪声和振动的房间，应根据其噪声强度和周围房间的使用要求，采取相应的隔声、吸声、减震等措施。"的要求，应设置战时排风机房。

　　依据《人民防空地下室设计规范》GB 50038—2005 第 7.3.7 条："设有清洁式、滤毒式、隔绝式三种通风方式的防空地下室，应在每个防护单元内设置三种通风方式信号装置系统，并应符合下列规定：

　　1 三种通风方式信号控制箱宜设置在值班室或防化通信值班室内。灯光信号和音响应采用集中或自动控制。

　　2 在战时进风机室、排风机室、防化通信值班室、值班室、柴油发电机房、电站控制室、人员出入口（包括连通口）最里一道密闭门内侧和其他需要设置的地方，应设置显示三种通风方式的灯箱和音响装置，应采用红色灯光表示隔绝式、黄色灯光表示滤毒式、绿色灯光表示清洁式，并宜加注文字标识。"及第 7.8.5 条："救护站、防空专业队工程、人员掩蔽工程、配套工程中的值班室、防化通信值班室、通风机室、发电机房、电站控制室等房间应设置电话分机。"战时排风机房内应设置通风方式信号灯箱及战时电话分机。

　　如工程所在地的人防主管部门允许临战砌筑战时排风机房，也应在适当位置设置通风方式信号灯箱及战时电话分机，或预留安装位置。

71. 战时使用的移动泵和给水泵控制箱，平时是否要安装到位？

　　[问题补充] 防毒通道设置战时使用的移动泵和给水泵控制箱，平时是否要安装到位？

　　人防工程主要出入口设置的防毒通道，按防化设计规范要求兼作战时简易洗消间，防化丙级工程设置人员洗消用水 0.6~0.8m³。供滤毒式通风时由外部人员进入人防清洁区所需的洗消用水，其洗消污水流入防毒通道内的集水井内，有的地方在防毒通道内设置防爆波地漏直接排至防护密闭门外的集水井内。

　　另外防毒通道内还设有水龙头 1 个，供战后人防口部染毒区的房间、通道洗消用水。其洗消污水流入防毒通道内的集水井内，或可通过防爆波地漏直接排至防护密闭门外的集水井内。

　　根据以上集水井的使用工况分析，防毒通道内的集水井在平时没有储存污水的可能，因此集水井内没有必要配置安装污水泵到位。战后由人防专业队队员自带移动水泵执行洗消、排水工作。所带移动水泵有两种类型：一种是自带小型内燃机启动的抽水机，另一种是电动的移动泵，此种机组需要由工程内供给三相电源，宜在防毒通道内设置三相四孔防溅式插座。

对于战时次要出入口密闭通道内，没有人员洗消要求，只有战后染毒洗消，因此在人防设计通用图中均不要求在密闭通道内设置集水井，而是采用设置防爆波地漏的措施进行排水。

移动水泵的电气控制箱平时是不需要安装到位的。

72. 人员掩蔽部工程战时三种通风方式转换控制原理图怎么绘制，图中应该有哪些内容，人防工程竣工后怎么展示？

[问题补充] 许多类型的人防工程战时需要设置三种通风方式控制系统，那么人防工程中三种通风方式转换控制系统原理图应该怎么绘制？图中应该有哪些内容？人防工程竣工后怎么告诉物业或工程维护管理人员去维护管理，保证工程战时设备能保持较好的运行状态，发挥人防工程的正常功能？

依据《人民防空工程防化设计规范》RFJ 013—2010 第 9.1.1 条、第 9.1.2 条规定：设有滤毒通风系统的工程应在靠近战时进风的出入口的工程主体内设置防化值班室；防化级别为甲、乙和丙级的工程在防化值班室内应设置通风方式控制信号箱。依据《人民防空地下室设计规范》GB 50038—2005 第 7.3.7 条规定设有清洁式、滤毒式、隔绝式三种通风方式的防空地下室，应在每个防护单元内设置三种通风方式信号装置系统。下面我们以二等人员掩蔽部工程为例，给出一个防护单元设置的战时三种通风方式转换控制原理图，如图 3-12 至图 3-15 所示的示意图和表 3-1 的内容。

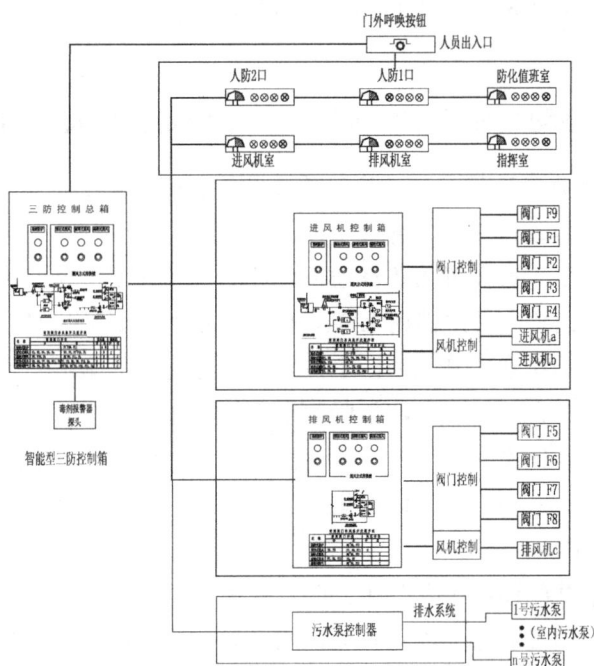

图 3-12 三种通风方式控制原理示意图

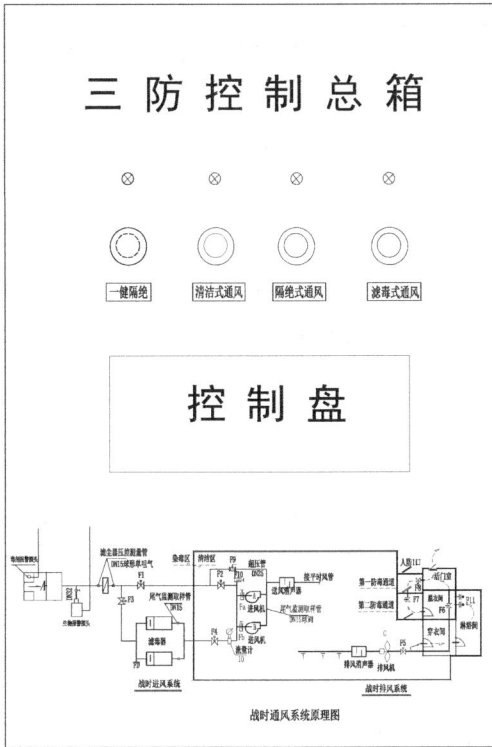

图 3-13　三种通风方式控制总箱示意图

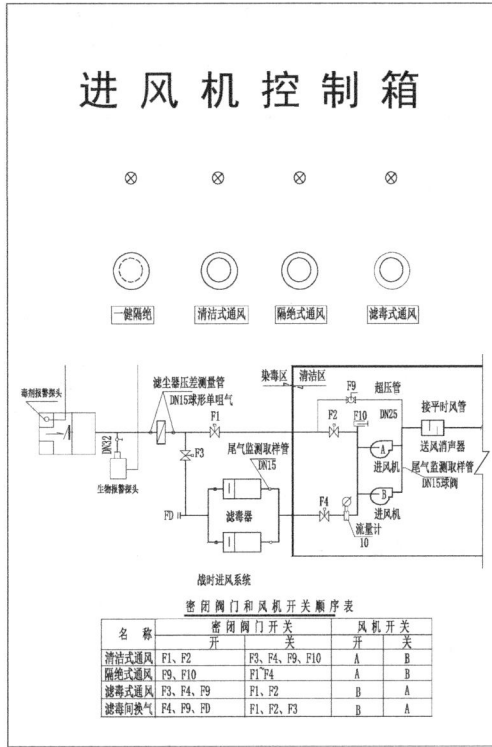

图 3-14　三种通风方式控制进风机室分箱示意图

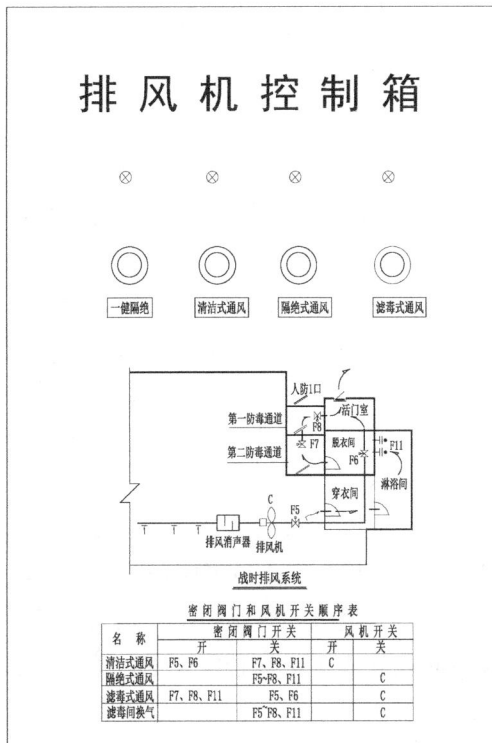

图 3-15　三种通风方式控制排风机室分箱示意图

阀门和风机三种通风方式转换表　　　　表 3-1

名称	密闭阀门开关		进排风机开关	
	开	关	开	关
隔绝式防护		F1~F11		进关、排关
清洁式通风	F1、F2、F5、F6、Fa、Fb	F3、F4、F7、F9、F10	进风机 8a、8b 排风机 9	
隔绝式通风	F9、F10、Fa、Fb	F1~F7、F11	进风机 8a、8b	排风机 9
滤毒式通风	F3、F4、F7、Fb、F11、F9	F1、F2、F5、F10、Fa （调节 Fb 使滤毒器达到额定风量）	进风机 8b	排风机 9
滤毒室换气	F4、F9、FD、Fb	F1~F3、F5~F7、F10、F11、Fa （调节 Fb 使滤毒器达到额定风量）	进风机 8b	排风机 9

清洁式、滤毒式、隔绝式三种通风方式转换的时机由通风专业确定，这里不再赘述。人防工程竣工时，将图 3-12 和表 3-1 制成图板，挂于防化值班室墙上，供物业或工程维护管理人员查巡，按照图纸要求对设备进行定期维护，以保持其正常状态。

73. 冷却塔有雾气且温度高，既影响环境又不利隐蔽，设置冷却塔伪装设备电气专业需注意什么？

冷却塔是空调的附属设备，因此冷却塔伪装设备的用电负荷等级应与空调一致，一般为二级负荷。冷却塔伪装设备设置在工程外，属于染毒区，因此应在工程内对该设备进行远程控制。为了实现该设备和空调联动，其远程控制通常设在空调机房内。下面对该设备作简介，方便电气专业配套做好设计。

冷却塔体积大，温度高，运行时有雾气，暴露征候明显，容易被发现，对人防工程隐蔽不利，易暴露工程位置，一旦被摧毁，将影响人防工程内空调机组的使用，因此应该对冷却塔采取消雾等伪装措施。

热红外伪装一般要求排风口和周围环境辐射温差不超过 4℃。目前能彻底解决冷却塔排风热红外暴露问题的是非冷却式伪装技术，代表性设备是伪装冷却装置。该装置有和普通冷却塔相似的降低冷却水温度的功能，还能消除排风雾气，其高温排风的热红外伪装原理为：因为高温排风对热红外成像仪透明，是被高温排风加热的排风口固体壁面造成热红外暴露，所以采用气层隔离技术，利用环境空气把高温排风和排风口固体壁面隔离开，使固体壁面因不能被高温排风加热而保持和环境温度一致，且随环境温度同步变化，这样虽然排风温度仍然较高但能达到热红外伪装要求。而且即使处于零度以下的环境，仍然能满足要求。伪装冷却装置整体设于地表冷却设备间中，一般冷却设备间设计成车库或仓库样式，消除了装置外表可见光和热红外暴露征候。该设备的详细介绍见《人民防空工程给水排水设计百问百答》。

第4章

线路敷设

74. 人防工程顶板暗埋的管线，可以使用镀锌的 KBG、JDG 管吗？

[问题补充] 人防工程顶板暗埋的管线，保护管材质也必须选用热镀锌钢管（壁厚不小于 2.5mm）吗？可以使用镀锌的 KBG、JDG 管吗？

穿过外墙、临空墙、防护密闭隔墙和密闭隔墙的电气预埋管线应选用管壁厚度不小于 2.5mm 的热镀锌钢管。在其他部位的管线可按有关地面建筑的设计规范或规定选用管材。人防工程内部明敷或暗敷于干燥场所的电缆保护管可以使用镀锌的 KBG、JDG 钢管。

根据《人民防空地下室设计规范》GB 50038—2005 第 7.4.3 条："穿过外墙、临空墙、防护密闭隔墙和密闭隔墙的各种电缆（包括动力、照明、通信、网络等）管线和预留备用管，应进行防护密闭或密闭处理，应选用管壁厚度不小于 2.5mm 的热镀锌钢管。"以及其条文说明："防空地下室有'防核武器、常规武器、生化武器'等要求，电气管线进出防空地下室的处理一定要与工程防护、密闭功能相一致，这些部位的防护、密闭相当重要，当管道密封不严密时，会造成漏气、漏毒等现象，甚至滤毒通风时室内形不成超压。在防护密闭隔墙上的预埋管应根据工程抗力级别的不同，采取相应的防护密闭措施。在密闭墙上的预埋管采取密闭封堵措施。"《民用建筑电气设计标准》GB 51348—2019 第 8.3.1 条："金属导管布线可适用于室内外场所，但不应用于对金属导管有严重腐蚀的场所。"第 8.3.2 条："明敷于潮湿场所或埋于素土内的金属导管，应采用管壁厚度不小于 2.0mm 的钢导管，并采取防腐措施。明敷或暗敷于干燥场所的金属导管宜采用管壁厚度不小于 1.5mm 的镀锌钢导管。"

人防工程内部明敷或暗敷于干燥场所的电缆保护管适用于《人民防空地下室设计规范》GB 50038—2005 第 7.4.3 条条文说明："穿过外墙、临空墙、防护密闭隔墙和密闭隔墙的电气预埋管线应选用管壁厚度不小于 2.5mm 的热镀锌钢管。在其他部位的管线可按有关地面建筑的设计规范或规定选用管材。"KBG 管与 JDG 管均为镀锌薄壁电线管，标准型规格有 6 种，分别为 $\phi16mm$、$\phi20mm$、$\phi25mm$、$\phi32mm$、$\phi40mm$、$\phi50mm$，除 $\phi16mm$ 标准壁厚为 1.2mm 外其余规格的标准壁厚均为 1.6mm。

也就是说，除 φ16mm 外的 KBG 管与 JDG 管均满足《民用建筑电气设计标准》GB 51348—2019 第 8.3.2 条的规定，因此人防工程内部明敷或暗敷于干燥场所的电缆保护管可以使用镀锌的 KBG、JDG 钢管。

75. 埋地的线路是否需要防护密闭或密闭处理？

[问题补充] 埋地的线路穿越防护密闭隔墙或密闭墙时，是否需要防护密闭或密闭处理？

埋地的线路穿越防护密闭隔墙或密闭墙时需要防护密闭或密闭处理。

根据《人民防空地下室设计规范》GB 50038—2005 第 7.4.8 条："由室外地下进、出防空地下室的强电或弱电线路，应分别设置强电或弱电防爆波电缆井。防爆波电缆井宜设置在紧靠外墙外侧。除留有设计需要的穿墙管数量外，还应符合第 7.4.5 条中预埋备用管的要求。"以及其条文说明："强电和弱电电缆直接由室外地下进、出防空地下室时，应防止互相干扰，需分别设置强电、弱电防爆波电缆井，在室外宜紧靠外墙设置防爆波电缆井。由地面建筑上部直接引下至防空地下室内时，可不设置防爆波电缆井，但电缆穿管应采取防护密闭措施。设置防爆波电缆井是为了防止冲击波沿着电缆进入防空地下室室内。"《防空地下室电气设备安装》07FD02 第 20 页电气线路暗管敷设防化密闭做法和第 29 页电缆防爆波井做法（二），示意图如图 4-1、图 4-2 所示。（注：电缆管的密闭翼环厚度不小于 5mm。在《〈人民防空地下室设计规范〉图示—电气专业》05SFD10 中，密闭翼环称为密闭肋。）

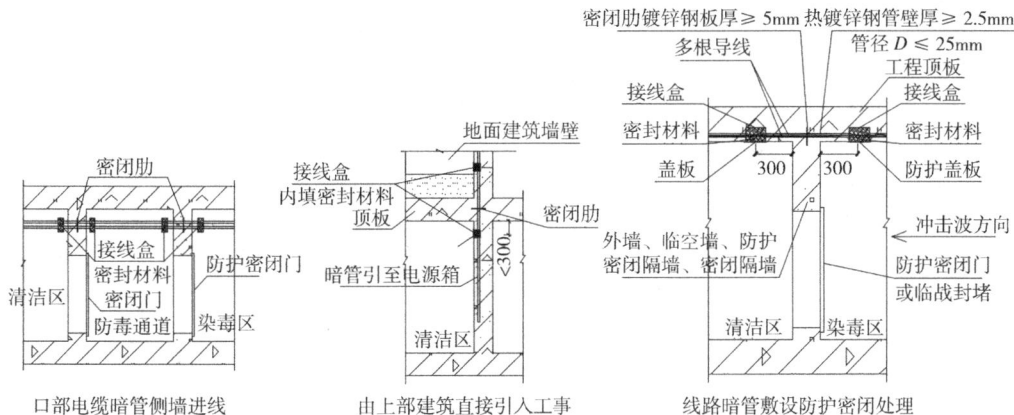

图 4-1　电气线路暗管敷设防化密闭做法示意图

76. 密闭接线盒能否采用壁厚不低于 3mm 的 86 型钢板接线盒？

[问题补充] 防空地下室的密闭接线盒能否采用壁厚不低于 3mm 的 86 型钢板接线盒？

防空地下室的密闭接线盒可以采用壁厚不低于 3mm 的 86 型钢板接线盒。

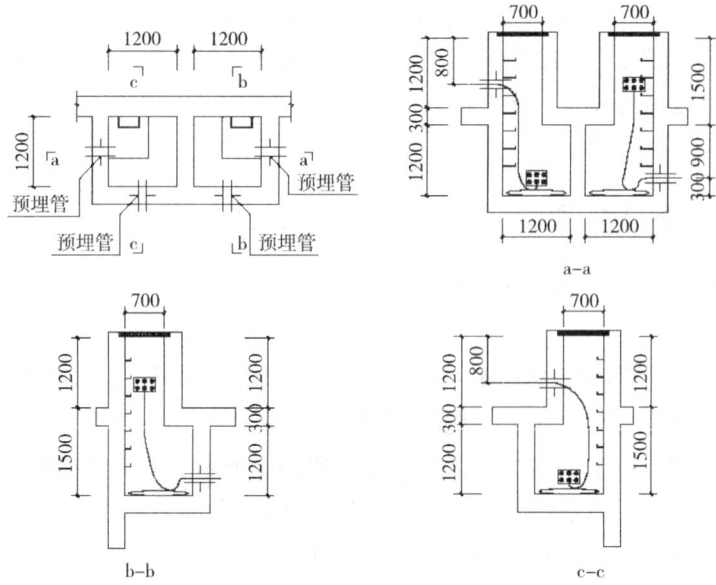

图 4-2 电缆防爆波井做法示意图

《防空地下室电气设备安装》07FD02 第 32 页防空地下室出入口照明示例图（二）（图 4-3~ 图 4-5），所表示的照明灯头盒、出线盒、接线盒等就是采用的 86 型盒。

选择密闭接线盒尺寸的关键问题是由所穿导线截面粗细及根数决定穿线管管径的大小，然后选择密闭接线盒的尺寸。只要密闭接线盒后壁符合《全国民用建筑工程设计技术措施—防空地下室》2009JSCS—6 第 6.4.14 条：箱（盒）后壁的钢筋混凝土结构厚度不得小于 200mm，即符合管线防护密闭要求。对于小规格电缆符合此条

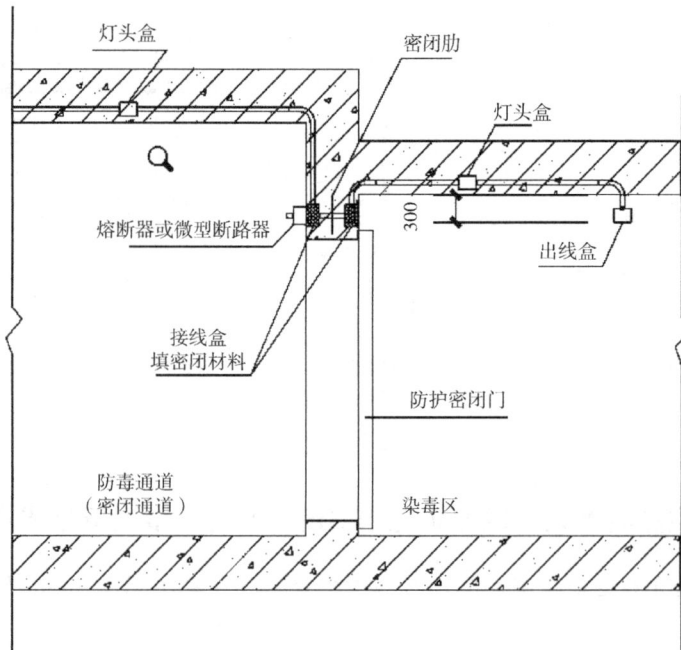

图 4-3 顶板照明暗管敷设做法示意图

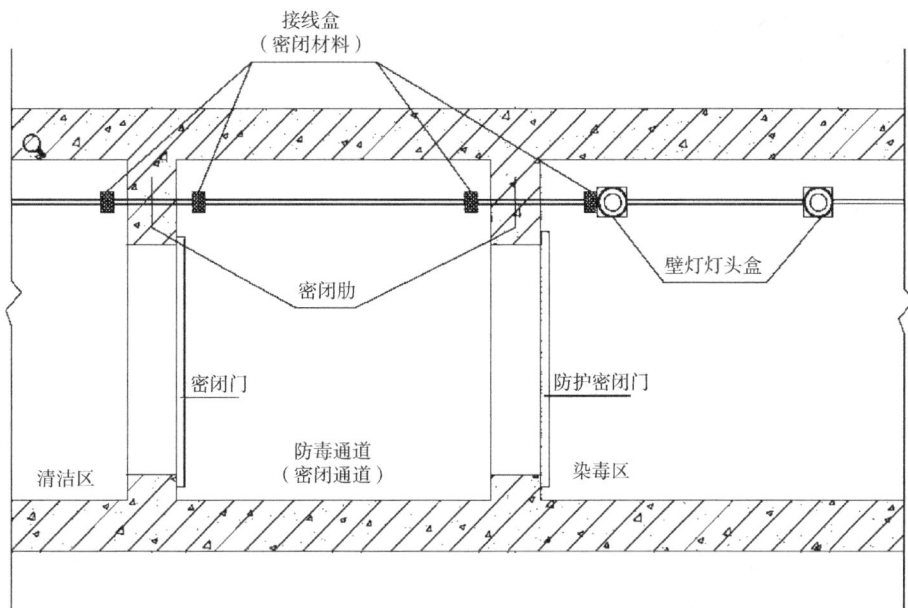

图 4-4　侧墙内照明暗管敷设做法示意图

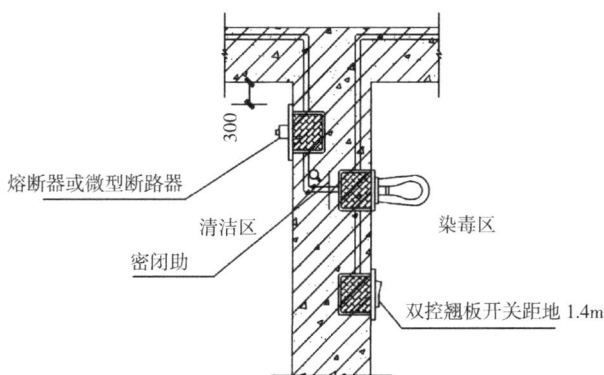

图 4-5　照明灯具安装纵剖视图

也可采用 86 型盒作为密闭盒。而《防空地下室电气设备安装》07FD02 第 20 页的防护密闭接线盒的尺寸，只是配 SC50 钢管的一个参考尺寸。工程设计时在符合上述要求的情况下，可根据实际需要制作非标接线盒。在《人防工程设计大样图—电气专业（DQ）》RFJ 05—2009 中也明确规定，如果接线数量少，可采用普通金属 86 型盒加大于 3mm 镀锌钢盖板。

77. 滤毒室密闭门门框墙上是否应预埋备用管？

[问题补充] 人员掩蔽工程密闭通道与滤毒室之间的密闭门门框墙上是否应预埋备用管？

滤毒室密闭门门框墙上无需预埋备用管。

《人民防空地下室设计规范》GB 50038—2005 第 7.4.5 条："各人员出入口和连通口的防护密闭门门框墙、密闭门门框墙上均应预埋 4~6 根备用管,管径为 50~80mm,管壁厚度不小于 2.5mm 的热镀锌钢管,并应符合防护密闭要求。"滤毒室密闭门处无规范规定的人员出入口及其他需设置预埋备用管的位置,故无需规定预埋备用管,可根据设计需要自行决定。

《人民防空地下室设计规范》GB 50038—2005 第 7.4.5 条条文说明:"预留备用穿线钢管是为了供平时和战时可能增加的各种动力、照明、内部电源、通信、自动检测等所需要。防止工程竣工后,因增加各种管线,在密闭隔墙上随便钻洞、打孔,影响到防空地下室的密闭和结构强度。"平时可能增加的管线可从防空地下室外经由密闭通道、防毒通道及连通口的(防护)密闭门门框墙上的预留备用管引入防空地下室内,路径不会经由滤毒室。滤毒室内电气相关设备有:照明灯具、插座、手电动密闭阀门等。对于照明及插座相关的设备、电源管线应平时安装、敷设到位。手电动密闭阀门则根据工程防化等级及工程所在地人防主管部门的要求不同分为以下几种情况:①未设;②设置但未平时到位;③设置且平时安装到位,且应考虑工程升级改造会将手动密闭阀门改为手电动密闭阀门,故应考虑手电动密闭阀门电源控制线的通过。一般手电动密闭阀门可考虑与战时进风机共用电源控制箱,故应考虑在战时进风机房及滤毒室间密闭隔墙上设置一定数量的预埋套管,以备手电动密闭阀门电源控制线通过使用。而滤毒室密闭门门框墙上无可能增加的管线,故无需预埋备用管。

另附《人民防空地下室设计规范图示—电气专业》05SFD10 第 5-4 页滤毒室密闭门门框墙上亦未预埋备用管,如图 4-6 所示。

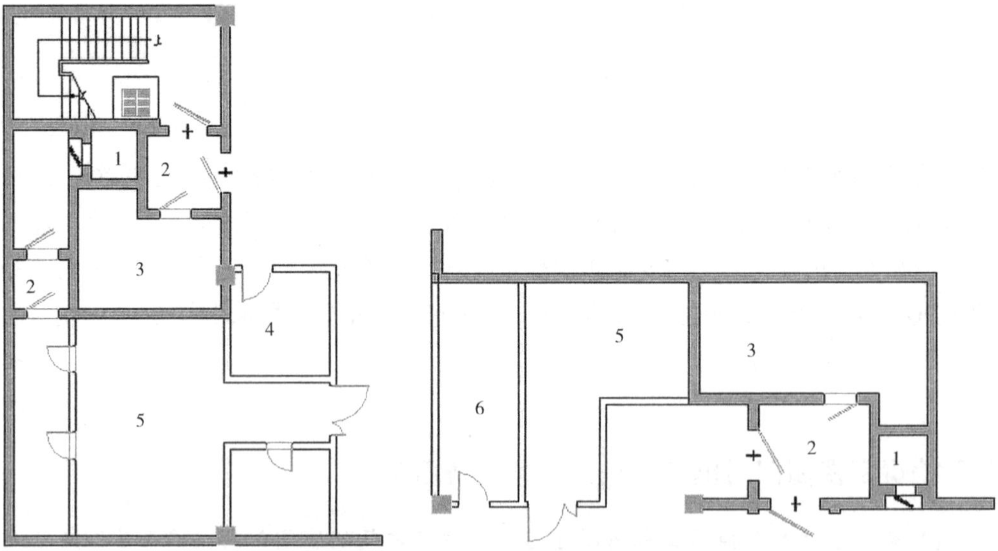

图 4-6   滤毒室密闭门门框墙上未预埋备用管示意图
1—扩散室;2—密闭通道;3—滤毒室;4—防化化验室;
5—战时进风机房(平时排风机房);6—防化值班室

78. 已建人防工程增设平时使用管线如何处理？

[问题补充] 对于已建设完成的人防工程增设平时使用管线如何处理？

首先应考虑利用战时人员出入口及连通口处的电气备用管，可多根电缆穿一根管，采取临战转换的措施；其次如数量过多或电缆截面过大，可采取后开洞措施，但此需由工程所在地人防主管部门许可。

参考做法如图 4-7 所示。

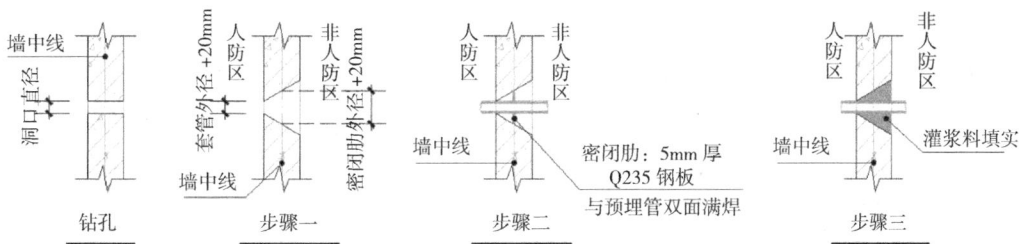

图 4-7 新增穿墙管做法示意图

（1）事先探明墙体钢筋位置，用钻孔工具在钢筋混凝土墙上钻直孔，钻孔时须避开墙身钢筋，钻孔时采用接近所需套管直径的钻具。

（2）将钻好的洞口扩孔成为喇叭口，扩孔时须避开钢筋；直径较小的一端位于人防区，直径较大的一端位于非人防区；小端扩大后孔直径为须埋入的套管直径 +20mm，墙中线部位直径为密闭肋直径 +20mm；扩孔施工时应小心操作，避免对其他混凝土造成不利影响。（步骤一）

（3）置入套管（所有套管均须伸出墙面 100mm）并固定，套管规格按原设计。（步骤二）

（4）将墙孔与套管之间以高于原有结构一个强度等级的灌浆料填实并养护。（步骤三）

（5）新增穿墙套管外径不得大于 100mm。

79. 位于染毒区的战时用排污泵是否必须在清洁区控制？

作为战时使用的在防毒（密闭）通道内的排污泵，若是平战两用的排污泵应增加液位自动控制；若是战时使用，不设控制箱。

位于染毒区的战时用潜水泵应在清洁区进行控制。但移动电站中排污泵无需在清洁区控制，因为移动电站内排污泵仅电站专用，电站不使用时，无积水，移动电站均为现场操作，故满足现场控制即可。

《人民防空地下室设计规范》GB 50038—2005 第 7.3.6 条："对染毒区内需要检测和控制的设备，除应就地检测、控制外，还应在清洁区实现检测、控制。"本条条文说明："在染毒情况下，人员要穿戴防毒器具才能到染毒区去操作，很不方便。因此对在战时需要检测、控制的设备，要求在清洁区内应能进行设备的检测、控制和操作。既安全又方便。"依据规范要求位于染毒区的战时用潜水泵应能在清洁区控制。

部分地区认为位于染毒区的潜水泵排水是针对战后排冲洗墙、地面的废水，控制箱设置于就地系统简单，且易于操作、控制，但此时墙、地面可能是染毒状态，冲洗人员需有相应防护措施，操作染毒的箱体也有一定的问题。战争应是一个持续的过程，战后应为战争完全停止，仅考虑战后冲洗与防护工程使用的情况及应发挥的效能相悖。且依据《人民防空地下室设计规范》GB 50038—2005 第6.4.5条条文说明："当防空地下室战时主要出入口很长，口部染毒的墙面、地面需冲洗面积很大，计算的贮水量大于$10m^3$时，按$10m^3$计算，冲洗不到的部分，由防空专业队负责。洗消冲洗一次指水箱中只贮存1次冲洗的用水，如需要第二次冲洗，需要再次向水箱内补水。"冲洗应不止是一次冲洗，亦非仅"战后"冲洗。潜水泵应考虑战时及战后不同工况的使用情况，位于染毒区的潜水泵采用两地控制应为合理的控制形式。

部分战时用潜水泵位于非防护区，如将控制箱置于潜水泵附近，则可能会被冲击波破坏而影响使用。所以在满足规范能实现两地控制要求的同时将电源控制箱置于清洁区内，并将控制按钮置于就地。潜水泵两地控制二次图如图4-8所示。

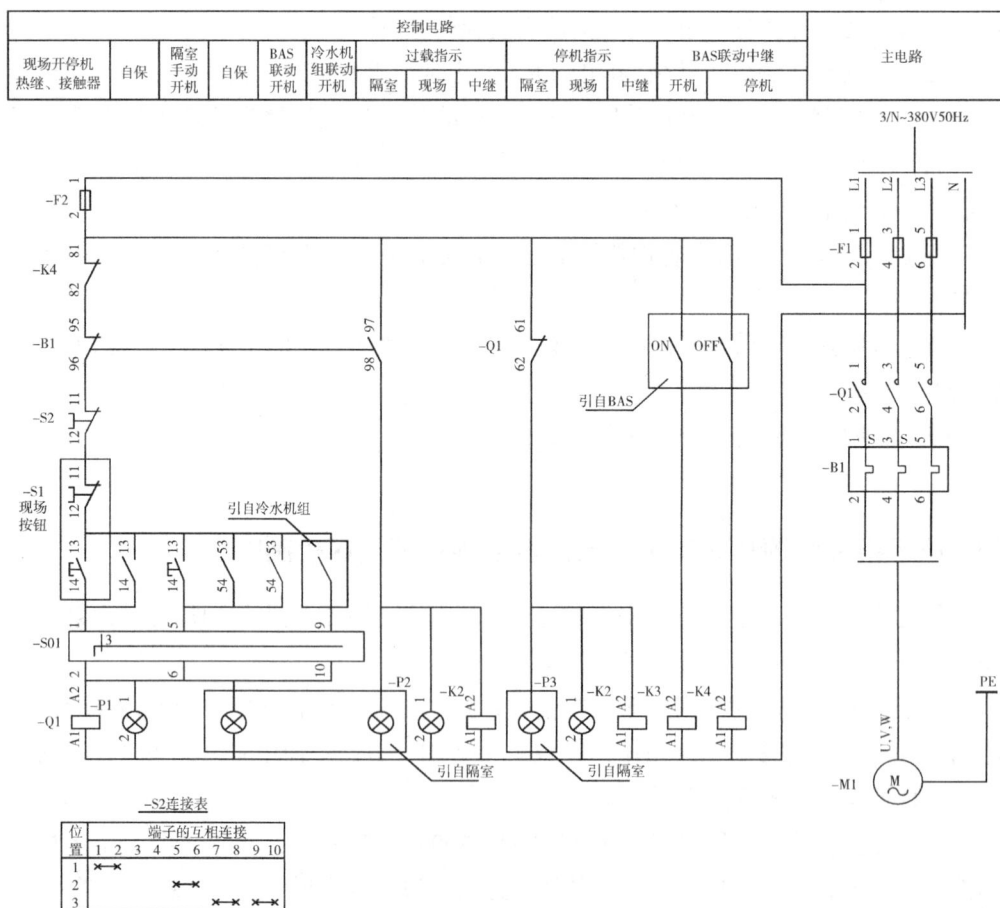

图4-8　潜水泵两地控制原理图

80. 人防电气穿墙密闭处理 6 根 φ70mm 管需要套丝吗？

[问题补充] 人防电气穿墙密闭处理 6 根 φ70mm 管需要套丝吗？是否有规范明确要求？什么规范？

预留热镀锌钢管平时不穿线的封堵需要套丝。

平时有穿线的预埋管根据《防空地下室电气设备安装》07FD02 第 19 页做法，无需做套丝，如图 4-9 所示。预留钢管平时不穿线做法要考虑战时冲击波的影响，需要对不穿线预埋管进行防护密闭封堵。

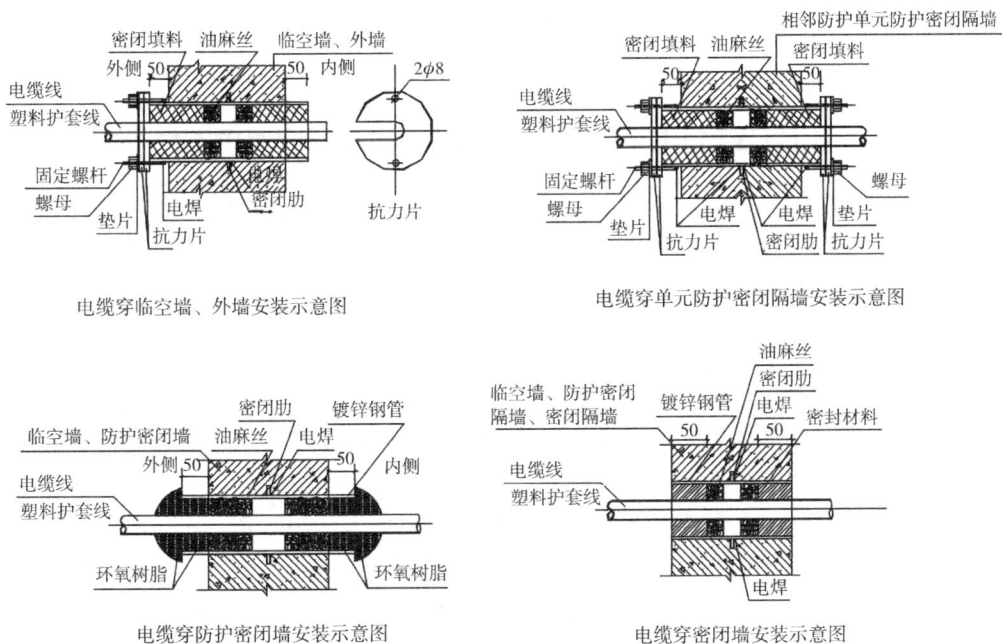

图 4-9　电气线路明管敷设防护密闭做法

81. 电气施工单位不通过防爆电缆井引入电缆的，对吗？

[问题补充] 电气施工单位直接从外墙预埋套管穿电缆，而不是从防爆电缆井进入的。这样做法对吗？

《人民防空地下室设计规范》GB 50038—2005 第 7.4.8 条："由室外地下进、出防空地下室的强电或弱电线路，应分别设置强电或弱电防爆波电缆井。防爆波电缆井宜设置在紧靠外墙外侧。除留有设计需要的穿墙管数量外，还应符合第 7.4.5 条中预埋备用管的要求。"

按照规范要求，平时或战时用线路只要是电缆从室外埋地经人防外墙进、出防空地下室，都必须设置防爆波电缆井。

如果线路未经地下室室外敷设，仅从非人防区穿外墙进入，就不需要设置防爆波电缆井。

82. 电气线路短距离穿越人防隔墙是否可不做密闭处理？

[问题补充] 对于临时使用或挂墙安装的电气线路短距离穿越人防隔墙是否可不做密闭处理？

《人民防空地下室设计规范》GB 50038—2005 第 7.4.3 条："穿过外墙、临空墙、防护密闭隔墙和密闭隔墙的各种电缆（包括动力、照明、通信、网络等）管线和预留备用管，应进行防护密闭或密闭处理，应选用管壁厚度不小于 2.5mm 的热镀锌钢管。"

按照规范要求，凡是电气管线在人防外墙、临空墙、防护密闭隔墙和密闭隔墙上穿过的管线，一律按明管或暗管要求进行防护密闭或密闭处理，没有例外。

83. 图集 05SFD10 和 FD01~02[①] 对密闭肋钢板厚度要求不同？

[问题补充] 国标图集 05SFD10 和国标图集 FD01~02 指出密闭肋热镀锌钢板厚 ≥ 3mm，而《人民防空工程质量验收与评价标准》RFJ 01—2015 规定电缆管的密闭翼环厚度不小于 5mm，二者以哪个值作为标准呢？

应以《人民防空工程质量验收与评价标准》RFJ 01—2015 中"电缆管的密闭翼环厚度不小于 5mm"作为标准。

一般是设计规范没有修改，施工标准应以设计规范为范本，不能修改。设计规范中未规定密闭肋热镀锌钢板厚度，施工标准按最新的规定执行。

根据《人民防空工程质量验收与评价标准》RFJ 01—2015 第 7.6.3 条："密闭翼环应采用钢板制作，钢板应平整，其厚度与翼高应符合下列规定：1 电缆管的密闭翼环厚度不小于 5mm；2 电缆管的密闭翼环厚度不小于 5mm；3 密闭翼环翼高不小于 50mm。"此规范为较新规范且为现行规范，而图集为较老的版本，在使用中应该以规范为准。在指导设计时，如需应用图集，应特别注明图集中密闭翼环厚度与抗力片厚度应按《人民防空工程质量验收与评价标准》RFJ 01—2015 中的数据来调整，同时在设计中提供的大样中，应把相应的数据按照《人民防空工程质量验收与评价标准》RFJ 01—2015 的数据进行调整，以正确地指导施工。

84. 如何理解临战拆除不符合一管穿一缆的电缆？

[问题补充]《人民防空地下室设计规范》GB 50038—2005 中"对于不符合一根电缆穿一根密闭管的平时设备的电缆，应在临战转换期间内拆除"，是否可以理解为"允许平时多根设备电缆同穿一根密闭管，但在临战转换期间内将多根设备电缆全部拆除并做好临战封堵"？

---

① 图集 05SFD10 为《〈人民防空地下室设计规范〉图示—电气专业》，FD01~02 为《防空地下室电气设计（2007 年合订本）》。

理解成"设计允许平时多根设备电缆同穿一根防护密闭管"是错误的。

《人民防空地下室设计规范》GB 50038—2005 第 7.4.10 条："对于不符合一根电缆穿一根密闭管的平时设备的电缆,应在临战转换期限内拆除。"这里的"不符合一根电缆穿一根密闭管"是指"工程建造完成后,在现有穿线管孔中所增加的电缆线路"。

一般情况下,有下列两种情况可以考虑共管:

第一种:一般工程中弱电线路种类较多,线路根数更多,弱电多根单芯导线采用一根预埋管穿一根的电缆要求显然是不合适的。因此对弱电管线的防护密闭措施采取了密闭盒封堵防护密闭方法,允许多个电缆或导线合穿一根钢管。但是穿线的根数不是任意多,受到管径的限制。在《全国民用建筑工程设计技术措施—防空地下室》2009JSCS—6 第 6.4.13 条中是这样规定的:"穿过防护密闭隔墙、临空墙、密闭隔墙的同类多根弱电线路可合穿在一根保护管内,为保证密闭的质量效果,以控制管径来限制穿线的根数,管径应符合下列要求:

1 采用暗管加密闭盒预埋的方式进行防护密闭或密闭处理。保护管径不得大于25mm;

2 采用明管加密闭盒的方式进行防护密闭或密闭处理。钢管保护管公称口径不大于 50mm。"

第二种:在地铁人防工程中供电环网电缆线路采用 35kV 的单芯电缆。按有关规范规定是不允许一个电缆穿一根钢管的。为此,在地铁工程设计技术要求中有如下要求:

(1)选用有防电磁涡流要求的无磁性不锈钢管做预埋管,不会产生电磁涡流;

(2)预埋穿墙保护管选用热镀锌钢管,但要在钢管纵向开一条槽,使钢管不构成电气环路,不产生电磁涡流。

上述两种措施能解决单芯电缆穿钢管产生电磁效应造成涡流发热的问题,但是由于地铁区间隧道中电气环网单芯电缆的数量较多,预埋管受到墙面面积的限制,考虑到该电缆主要是在区间隧道中敷设与外界不直接接触,在工程设计中按特殊要求处理,允许 3 根单芯电缆合穿一根钢管。

根据《人民防空地下室设计规范》GB 50038—2005 第 7.4.6 条:"当防空地下室内的电缆或导线数量较多,且又集中敷设时,可采用电缆桥架敷设的方式。但电缆桥架不得直接穿过临空墙、防护密闭隔墙、密闭隔墙。当必须通过时应改为穿管敷设,并应符合防护密闭要求。"在实际工程中,可能遇到穿管数量达到上百根甚至更多的情况,如果按此施工,对墙体的破坏是非常大的,使墙体的抗力达不到使用要求。对于此种情况,应合理处理:

根据《人民防空地下室设计规范》GB 50038—2005 第 3.1.6 条规定,与防空地下室无关的管道不宜穿过人防围护结构,这就需要避免大量与防空地下室无关的管道通过,并通过合理设置线缆路径,避免集中穿越围护结构。当确实无法避免需要穿越人防区且集中穿越时,也应该要符合一线一管的原则。

85. 抗力等级不同的防护单元隔墙上的电缆穿墙套管应如何设计？

[问题补充] 两个抗力等级分别为 5 级、6 级的防护单元，单元间隔墙上的电缆穿墙套管应如何设计？

应该在 6 级防护单元侧加抗力片；在 5 级防护单元侧可不加抗力片，可采用环氧树脂封堵。

根据国标图集《防空地下室电气设计（2007 年合订本）》FD01~02 中《防空地下室电气设备安装》07FD02 第 19 页电气线路明管敷设防护密闭做法：

（1）核 4 级、核 4B 级、核 5 级、常 5 级人防工程的电气管线采用明管敷设时，在受冲击波方向应设置抗力片防护；

（2）核 6 级、核 6B 级、常 6 级人防工程的电气管线采用明管敷设时，不需设置抗力片，管两端采用环氧树脂封堵。

在抗力等级为 5 级的防护单元与抗力等级为 6 级的防护单元之间的防护密闭墙上，电气线路明管敷设防护密闭做法是：应该在 6 级防护单元侧加抗力片，在 5 级防护单元侧可不加抗力片，可采用环氧树脂封堵。如图 4-10 所示。

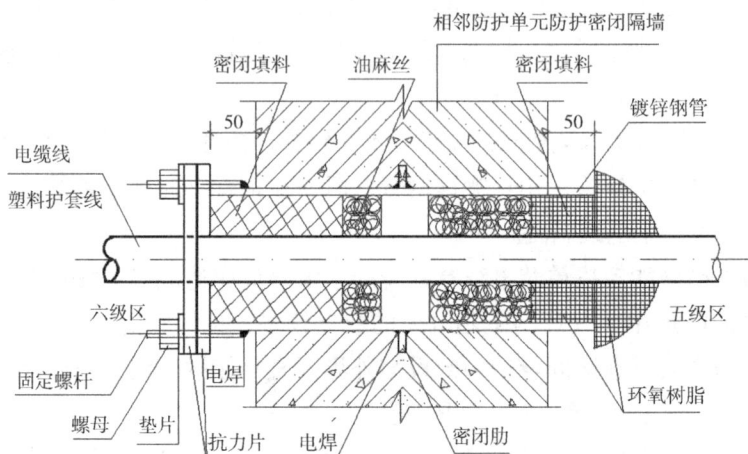

图 4-10　电缆穿相邻防护单元防护密闭墙安装图

86. 人防工程是否必须设置强电防爆波电缆井？

[问题补充] 平、战时不使用强电防爆波电缆井，是否需要设置强电防爆波电缆井？人防区在负二层及以下楼层时，防爆波电缆井是否需要深入到人防区？

如平、战时均不使用强电防爆波电缆井，则不需要设置强电防爆波电缆井。人防区在负二层及以下时，电缆井若要深入到地下二层及以下人防清洁区内，需要做防爆波电缆井。若电缆井只到地下一层，再采用明管或暗管并采取防护密闭措施到地下二层及以下时，此电缆井不需要做防爆波电缆井。

《人民防空地下室设计规范》GB 50038—2005 术语第 2.1.59 条 "防爆波电缆井" 是指 "能防止冲击波沿电缆侵入防空地下室室内的电缆井"。凡是地面埋地电缆需要穿入（进、出）到人防防护清洁区范围内的电缆井，应设计防爆波电缆井。凡是不符合此要求的，一律不需要设置防爆波电缆井。所以平、战时不使用强电防爆波电缆井，不需要设置强电防爆波电缆井。

《人民防空地下室设计规范》GB 50038—2005 第 7.4.8 条："由室外地下进、出防空地下室的强电或弱电线路，应分别设置强电或弱电防爆波电缆井。防爆波电缆井宜设置在紧靠外墙外侧。除留有设计需求的穿墙管数量外，还应符合第 7.4.5 条中预埋备用管的要求。"该条条文说明："强电和弱电电缆直接由室外地下进、出防空地下室时，应防止互相干扰，需分别设置强电、弱电防爆波电缆井，在室外宜紧靠外墙设置防爆波电缆井。由地面建筑上部直接引下至防空地下室内时，可不设置防爆波电缆井，但电缆穿管应采取防护密闭措施。设置防爆波电缆井是为了防止冲击波沿着电缆进入防空地下室室内。"人防区在负二层及以下时，电缆井若要深入到地下二层及以下人防清洁区内，需要做防爆波电缆井。若电缆井只到地下一层，再采用明管或暗管并采取防护密闭措施到地下二层及以下时，此电缆井不需要做防爆波电缆井。可参考国家建筑标准设计图集《防空地下室电气设备安装》07FD02 第 28 页、第 29 页电缆防爆波井做法，如图 4-11、图 4-12 所示。

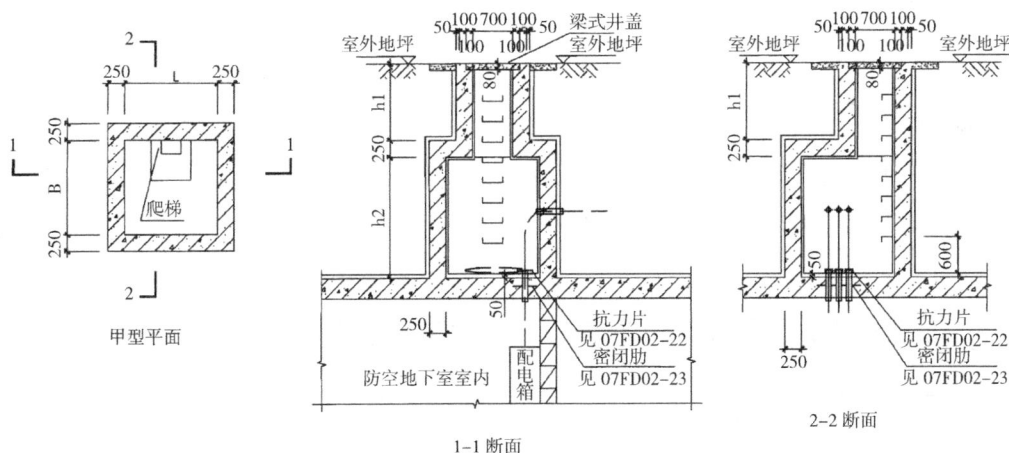

图 4-11　电缆防爆波井做法（一）

87. 电站电源电缆应如何防护？

《人民防空地下室设计规范》GB 50038—2005 第 7.4.9 条条文说明："一般根据环境条件和抗力级别可采取电缆穿钢管明敷或暗敷，采用铠装电缆、组合式钢板电缆桥架等保护措施。"

《全国民用建筑工程设计技术措施—防空地下室》2009JSCS—6 第 6.4.19 条：

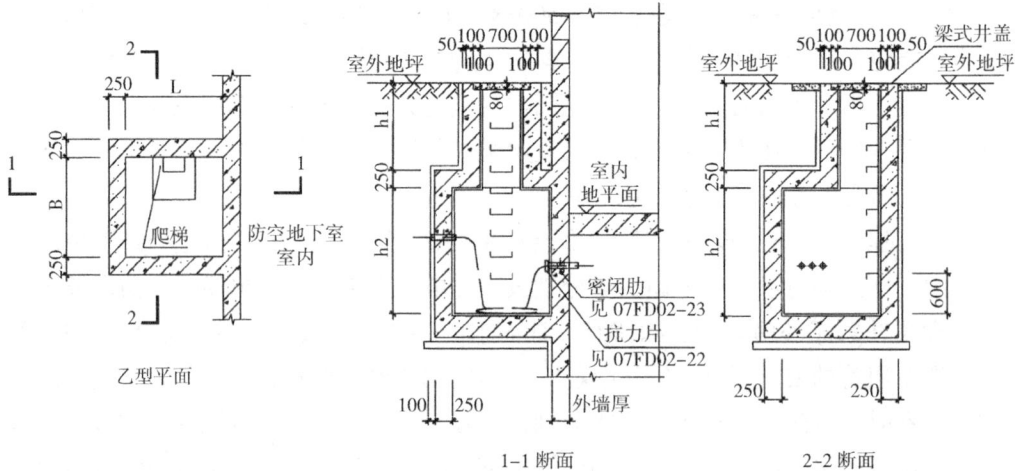

图 4-12　电缆防爆波井做法（二）

"从低压配电室、电站控制室至每个防护单元的战时配电回路应各自独立。战时内部电源以放射式配电，保证各单元自成系统。

1 当分散布置的各防空地下室防护单元之间，平时由连接通道连通到位的工程，人防区域电源的电缆应从连接通道（连通口）中引入。

2 柴油电站内电源的馈电电缆穿过其他防护单元或非防护区时，应采取与受电端防护单元等级相一致的防护措施。对核 6 级、核 6B 级、常 6 级工程可采用电缆桥架（梯级桥架）＋铠装电缆或电缆桥架（密封式）＋非铠装电缆等措施。对核 5 级、常 5 级工程采用穿钢管明敷或暗敷。凡穿过非防护区时采用穿钢管暗敷。

3 当分散布置的各防空地下室防护单元之间，未设连接通道，电缆直接埋地的工程，人防区域电源的电缆应采取电缆防爆波井，并采取铠装电缆直接埋地＋钢筋混凝土预制盖板方式或全塑电缆直接穿管埋地引入。"

88. 同类多根弱电线路可以合穿在一根预埋管内吗？

[问题补充] 穿越外墙、临空墙、防护密闭隔墙和密闭隔墙的同类多根弱电线路可以合穿在一根人防墙上预埋保护管内吗？

《人民防空地下室设计规范》GB 50038—2005 第 7.4.4 条："穿过外墙、临空墙、防护密闭隔墙、密闭隔墙的同类多根弱电线路可合穿在一根保护管内，但应采用暗管加密闭盒的方式进行防护密闭或密闭处理。保护管径不得大于 25mm。"做法如图 4-13 所示。

弱电线路一般选用多根导线穿管通过外墙、临空墙、防护密闭隔墙和密闭隔墙，由于多根导线在一起，会有空隙，就不易作密闭封堵处理。为了达到同样的密闭效果，采用密闭盒的模式，并控制管内导线根数不应穿线过多，以保证密闭效果。

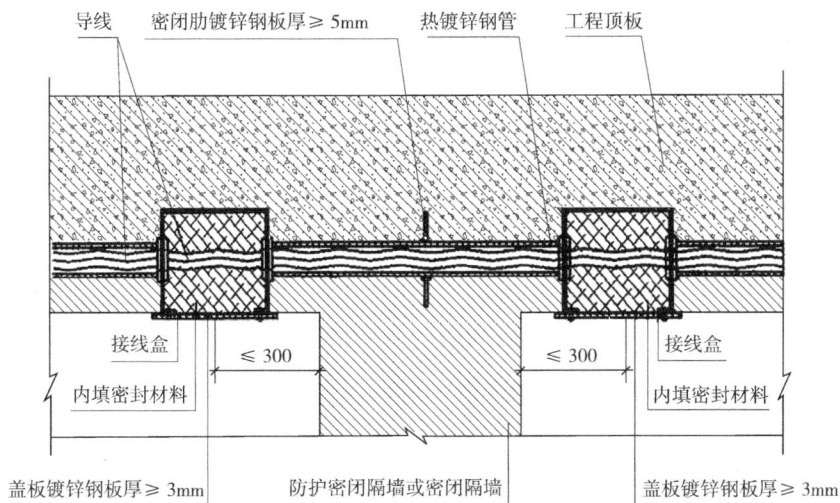

图 4-13　弱电线路通过顶板穿防护密闭墙或密闭隔墙图

《全国民用建筑工程设计技术措施　防空地下室》2009JSCS—6 第 6.4.13 条作如下规定：

（1）采用暗管加密闭盒预埋的方式进行防护密闭或密闭处理。保护管径不得大于 25 mm。

（2）采用明管加密闭盒的方式进行防护密闭或密闭处理。钢管保护管公称口径不大于 50 mm。

做法如图 4-14 所示。

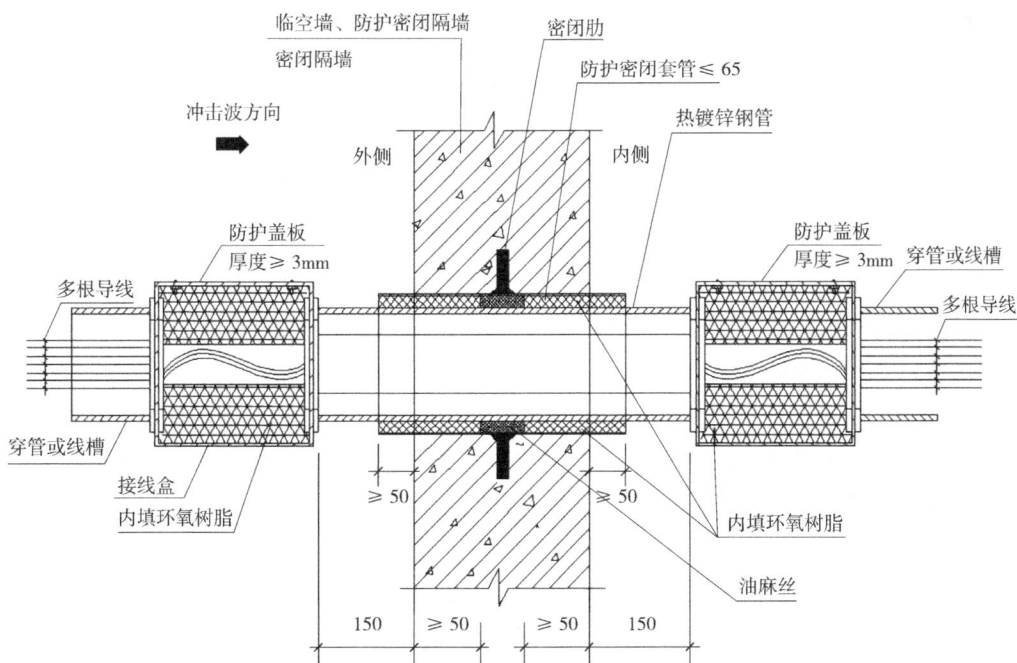

图 4-14　弱电线路通过侧墙穿防护密闭墙或密闭隔墙图

89. 平时电缆桥架能否穿越滤毒室和除尘室?

[问题补充] 平时电缆桥架在做好防护密闭处理的条件下能否穿越滤毒室和除尘室?

平时电缆桥架在做好防护密闭处理的条件下,不应穿越滤毒室和除尘室。

滤毒室和除尘室在人防工程的次要出入口口部,房间内设有过滤吸收器和除尘器,房间面积较小,房间内风管、阀门设备较多,平时电缆桥架安装高度较高,维修不方便,而且过滤吸收器是染毒设备,还会有放射性物质。电缆穿密闭墙的施工封堵质量不好,很可能会产生漏毒现象。除尘室的体积一般偏小,不利于敷设电缆桥架。

人防工程口部的电缆敷设宜利用工程口部的防毒通道、密闭通道,经过两道密闭处理,工程的防毒性能可靠。若有数量较多的平时电缆要穿入人防工程内,建议设置专用的电缆密闭小室,设置两道密闭措施,保障工程整体安全性。

90. 同一回路采用并联电缆如何穿防护密闭墙?

同一回路采用并联电缆有两种情况,一种是电缆双拼,这种情况下单根电缆是含所有相线和中性线的,也即电缆穿管不会出现不平衡电流,可采用"一管穿一缆"的方式穿防护密闭墙;另一种情况是采用矿物绝缘电缆,由于大截面矿物绝缘电缆均为单芯电缆,此时穿过铁磁材料的保护管会产生涡流,对于这种情况,应采用非铁磁材料的套管(如非铁磁材料钢管),避免产生涡流。

91. 弱电线路穿越人防区域是否一定要经暗管敷设引入?

《人民防空地下室设计规范》GB 50038—2005 第 7.4.4 条:"穿过外墙、临空墙、防护密闭隔墙、密闭隔墙的同类多根弱电线路可合穿在一根保护管内,但应采用暗管加密闭盒的方式进行防护密闭或密闭处理。保护管径不得大于 25mm。"

第 7.4.5 条:"各人员出入口和连通口的防护密闭门门框墙、密闭门门框墙上均应预埋 4~6 根备用管,管径为 50~80mm,管壁厚度不小于 2.5mm 的热镀锌钢管,并应符合防护密闭要求。"

第 7.8.7 条:"战时通信设备线路的引入,应在各人员出入口预留防护密闭穿墙管,穿墙管可利用本章第 7.4.5 条中的预埋备用管。当需要设置通信防爆波电缆井时,除留有设计需要的穿墙管数量外,还应按第 7.4.5 条要求预埋备用管。"

以上 3 条条文没有矛盾,是对强、弱电电缆穿管预埋的具体要求。备用管的使用是不分强、弱电专业的,谁需要谁使用。每个口部预埋是因为不知今后外部管线从哪个方向电缆进线,以备哪个方向都有条件进线。

强、弱电的进线方式规范没有规定,只要符合《防空地下室电气设备安装》

07FD02 第 18-25 页及《全国民用建筑工程设计技术措施—防空地下室》2009JSCS—6 中第 6.4 节线路敷设中的有关规定都是允许的。

92. 人防地下室能在顶板上预埋套管吗？

[问题补充] 人防地下室能在顶板上预埋套管吗？还是必须要走防爆波电缆进地下室？

专供上部建筑使用的设备房间宜设置在防护密闭区之外。穿过人防围护结构的管道应符合下列规定：①与防空地下室无关的管道不宜穿过人防围护结构，上部建筑的生活污水管、雨水管、燃气管不得进入防空地下室；②穿过防空地下室顶板、临空墙和门框墙的管道，其公称直径不宜大于 150mm；③凡进入防空地下室的管道及其穿过的人防围护结构，均应采取防护密闭措施。由地面建筑上部直接引入至防空地下室内时，可不设置防爆波电缆井，但电缆穿管应采取防护密闭措施。设置防爆波电缆井是为了防止冲击波沿着电缆进入防空地下室室内。地面上层建筑进入防空地下室的电缆采用沿墙暗埋；室外埋地电缆进出防空地下室，采用防爆波电缆井。

根据《全国民用建筑工程设计技术措施—防空地下室》2009JSCS—6 第 6.4.14 条："由地面上层建筑沿墙暗埋直接引入至防空地下室内的电气线路穿管的防护密闭做法。钢管保护管公称口径不宜大于 100mm，接线箱大小尺寸应与所穿管管径相配合，但箱后壁的钢筋混凝土结构厚度不得小于 200mm。"如图 4-15、图 4-16 所示。

第 6.4.16 条："凡是室外埋地电缆进出至防空地下室防护密闭门以内区域的电气线路，为防核爆冲击波，应采用防爆波电缆井方式引入，并需预留备用穿线管。强电、弱电宜分别设置防爆波电缆井。当强电或弱电的电缆根数少于 5 根时可合并设置在一个防爆波电缆井内，但须分别设在防爆波电缆井的两侧，并应符合专业技术

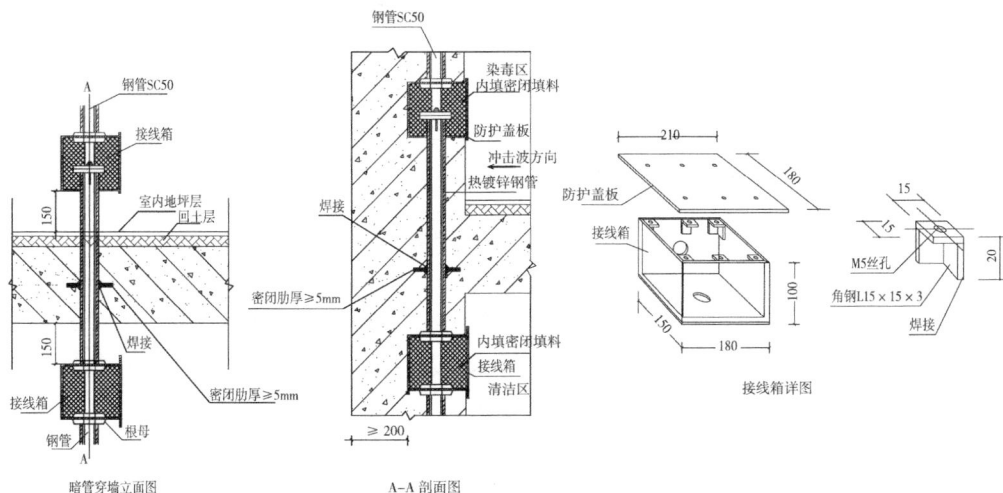

图 4-15　上层建筑暗管引入防空地下室内的防护密闭做法

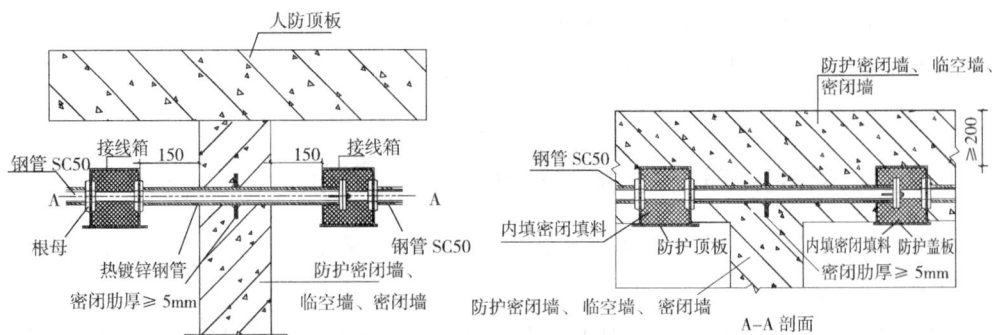

图 4-16 非人防侧墙暗管引入防空地下室内的防护密闭做法

规范要求。1 当地面建筑楼层内直接引下至防空地下室防护密闭门以内区域时，不需设置防爆波电缆井；2 当室外埋地电缆进入部位在非人防区时，不需设置防爆波电缆井。为方便电缆引入，可设普通电缆井。"《人民防空地下室设计规范》GB 50038—2005 第 7.4.8 条："由室外地下进、出防空地下室的强电或弱电线路，应分别设置强电或弱电防爆波电缆井。防爆波电缆井宜设置在紧靠外墙外侧。除留有设计需要的穿墙管数量外，还应符合第 7.4.5 条中预埋备用管的要求。"如图 4-17、图 4-18所示。

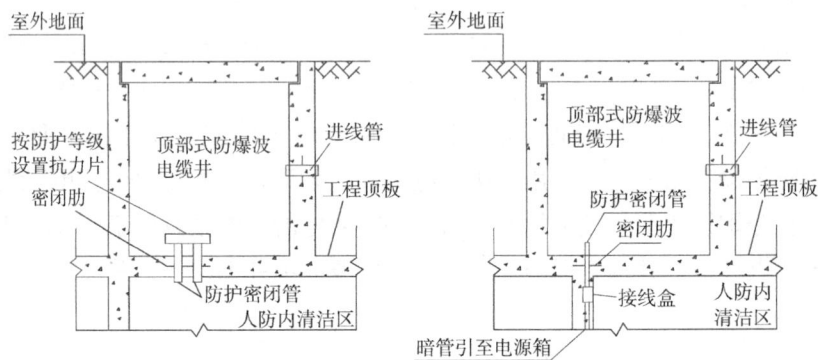

图 4-17 设于工程顶部的防爆波电缆井

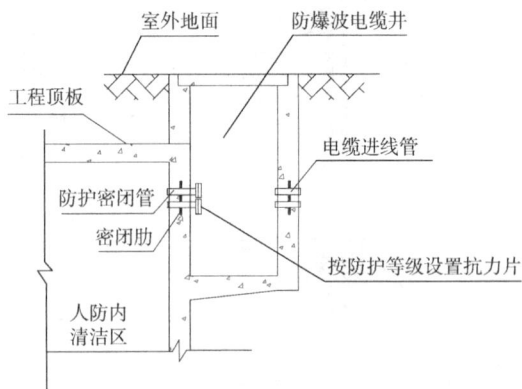

图 4-18 设于工程侧面的防爆波电缆井

第 5 章

照明

93. 可否按照平时照度设计，战时调整灯具满足战时照度要求？

[问题补充] 人防工程平时和战时照度要求不同，可否按照平时照度要求进行设计，战时调整灯具满足战时照度要求？

人防工程平时和战时照度要求不同，可以按照平时和战时照度要求高的进行设计，照度要求低时可增加或减少灯具数量。照明回路的导线应按平、战容量大的选择截面。配电箱内多预留备用开关回路。

根据《人民防空地下室设计规范》GB 50038—2005 第 7.5.4 条："战时的应急照明宜利用平时的应急照明；战时的正常照明可与平时的部分正常照明或值班照明相结合。"以及其条文说明："战时应急照明利用平时的应急照明，主要是功能一致，其区别主要是供电保证时间不一致。由于平时使用的需要，设计照明灯具较多，照度也比较高，而战时照度较低，不需要那么多灯具，因此将平时照明的一部分作为战时的正常照明，回路分开控制，两者有机结合。"和《防空地下室电气设计示例》07FD01 第 25 页、第 26 页、第 29 页、第 31 页确定。

94. 次要出入口战时能否作为人员疏散口？疏散照明临战如何处理？

[问题补充] 人员掩蔽工程的次要出入口战时能否作为人员疏散口，疏散照明是否要做平战转换？

人员掩蔽工程的次要出入口战时可以作为人员疏散口，疏散照明不需要做平战转换。

《人民防空地下室设计规范》GB 50038—2005 第 7.5.4 条："战时的应急照明宜利用平时的应急照明；战时的正常照明可与平时的部分正常照明或值班照明相结合。"而且根据《消防应急照明和疏散指示系统技术标准》GB 51309—2018 的术语第 2.0.1 条："消防应急照明和疏散指示系统为人员疏散和发生火灾时仍需工作的场所提供照明和疏散指示的系统。"

战时应急照明的功能和需求不同于消防火灾的要求。战时只是利用平时应急照明自带应急电源，能给应急照明灯具继续维持照明光源的功能，为在人防工程中的掩蔽人员提供一种延长掩蔽时间的安全照明光源。

由于疏散指示灯具的箭头方向是供火灾工况下人员慌乱逃生时指示用的，它的指示方向朝向工程出入口，战时群众性掩蔽人员是在有领导、有指挥、有组织的安排下进入工程内的，并在警报信号消除或接到上级指令后，掩蔽人员才能在有组织的情况下撤离。平时疏散指示灯箭头方向战时作为人员撤离工程的疏散指示系统，即使在有组织的情况下撤离，疏散指示系统也对撤离起到一定的作用，不会造成工程内部疏散人员慌乱，战时可以不必去改变疏散指示灯具的箭头方向。

95. 疏散指示标志照明设计是否考虑抗爆墙以及抗爆墙的连通口？

[问题补充] 战时疏散指示标志照明设计中，是否考虑抗爆墙以及抗爆墙的连通口？

战时疏散指示标志照明设计中，不需要考虑抗爆隔墙以及抗爆隔墙的连通口。抗爆单元隔墙平时不施工，战时大都采用砂包堆叠，高度 1.8m 左右。

《人民防空地下室设计规范》GB 50038—2005 第 3.2.7 条：相邻抗爆单元之间应设置抗爆隔墙。两相邻抗爆单元之间应至少设置一个连通口。在连通口处抗爆隔墙的一侧应设置抗爆挡墙，如图 5-1 所示。不影响平时使用的抗爆隔墙，宜采用厚度不小于 120mm 的现浇钢筋混凝土墙或厚度不小于 250mm 的现浇混凝土墙。不利于平时使用的抗爆隔墙和抗爆挡墙均可在临战时构筑。临战时构筑的抗爆隔墙和抗爆挡墙，其墙体的材料和厚度应符合下列规定：①采用预制钢筋混凝土构件组合墙时，其厚度不应小于 120mm，并应与主体结构连接牢固；②采用砂袋堆垒时，墙体断面宜采用梯形，其高度不宜小于 1.80m，最小厚度不宜小于 500mm。

电气部分未涉及抗爆墙及连通口。电气设计中一般不考虑抗爆隔墙对疏散指示系统的影响。抗爆单元面积不大于 $500m^2$，掩蔽人员可以直接观察到出口情况。

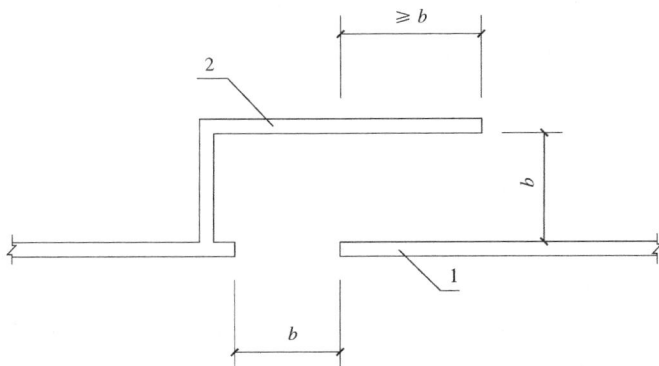

图 5-1　抗爆墙示意图
1—抗爆隔墙；2—抗爆挡墙；*b*—门洞净宽

96. 简易洗消间内是否需要设置防溅式插座？

简易洗消间内可不设插座，如设置插座则应为防溅式插座。

《人民防空地下室设计规范》GB 50038—2005 第 7.5.9 条："洗消间脱衣室和检查穿衣室内应设 AC220V10A 单相三孔带二孔防溅式插座各 2 个。"设有洗消间脱衣室和检查穿衣室的口部为完全洗消的口部，而简易洗消间非规范规定要求设置插座的形式，且依据《人民防空地下室施工图设计文件审查要点》RFJ 06—2008 第 6.6.2 条："1.简易洗消间可不设插座；2.……；3.……。"的规定，简易洗消间内可不设插座。

如设计在简易洗消间内设置了插座，则建议设置防溅式插座。依据《人民防空地下室设计规范》GB 50038—2005 第 6.4.5 条："防空地下室口部染毒区墙面、地面的冲洗应符合下列要求：1 需冲洗的部位包括进风竖井、进风扩散室、除尘室、滤毒室（包括与滤毒室相连的密闭通道）和战时主要出入口的洗消间（简易洗消间）、防毒通道及其防护密闭门以外的通道，并应在这些部位设置收集洗消废水的地漏、清扫口或集水坑；2 ……；3 ……；4 ……。"简易洗消间的墙面需考虑冲洗，故如在简易洗消间内设置了插座，则应为防溅式插座。

97. 平战时功能相差很大的人防工程照明如何设计？

[问题补充] 防空地下室工程中平时和战时功能相差太大，照明可否按照平时功能设计，战前采用平战转换？

平时功能是地下车库，战时功能是医疗救护工程的防空地下室，应该按照医疗救护工程标准的照明要求设计、安装到位。其他人员掩蔽工程、配套工程可以临战转换，标准达不到战时照度标准可采取增加灯具数量。

根据《人民防空地下室设计规范》GB 50038—2005 第 7.5.3 条："平战结合的防空地下室平时照明，应按下列要求确定：1 正常照明的照度，宜参照同类地面建筑照度标准确定。需长期坚持工作和对视觉要求较高的场所，可适当提高照度标准；2 灯具及其布置，应与使用功能及建筑装修相协调；3 值班照明宜利用正常照明中能单独控制的灯具或应急照明。"和第 7.5.4 条："战时的应急照明宜利用平时的应急照明；战时的正常照明可与平时的部分正常照明或值班照明相结合。"以及第 7.5.4 条条文说明："战时应急照明利用平时的应急照明，主要是功能一致，其区别主要是供电保证时间不一致。由于平时使用的需要，设计照明灯具较多，照度也比较高，而战时照度较低，不需要那么多灯具，因此将平时照明的一部分作为战时的正常照明，回路分开控制，两者有机结合。"和《车库建筑设计规范》JGJ 100—2015 第 7.4.3 条："车库内照明应亮度分布均匀，避免眩光，各部位照明标准值宜符合表 7.4.3 的规定，当有特殊要求时，照明标准值可提高或降低一级。"规范表 7.4.3 中规定机动车停车位地面照度为 30lx。根据《人民防空地下室设计规范》GB 50038—2005 第 7.5.7 条的规定，防空地下室中最小的照度要求是 50lx。

98. 口部与清洁区灯具共用一个照明回路如何设置短路保护装置？

[问题补充] 由防护区内至防护区外，灯具共用一个照明回路时，设置短路保护装置若采用熔断器，熔断器大小如何选择，才能保证在外部发生短路时与上级照明出线空开具有选择性？

短路时，当故障电流大于非选择型断路器的瞬时脱扣器整定电流时，上级断路器瞬时脱扣，因此上级非选择型断路器与下级熔断器没有选择性，这种方式是不合理的。若上级短路保护装置和防护密闭门或临战封堵处内侧设置的短路保护装置具有选择性，可不采用独立回路。若上级短路保护装置和防护密闭门或临战封堵处内侧设置的短路保护装置不具有选择性，则采用独立回路。

今后设计原则上防护密闭门以外的电气设备与防护密闭门以内电气设备分开回路单独配电。

根据《人民防空地下室设计规范》GB 50038—2005 第 7.5.16 条："从防护区内引到非防护区的照明电源回路，当防护区内和非防护区灯具共用一个电源回路时，应在防护密闭门内侧、临战封堵处内侧设置短路保护装置，或对非防护区的灯具设置单独回路供电。"以及第 7.5.16 条条文说明："当非防护区与防护区内照明灯具合用同一回路时，非防护区的照明灯具、线路战时一旦被破坏，发生短路会影响到防护区内的照明。"

根据《低压配电设计规范》GB 50054—2011 第 6.2.2 条："短路保护电器，应能分断其安装处的预期短路电流。预期短路电流，应通过计算或测量确定。当短路保护电器的分断能力小于其安装处预期短路电流时，在该段线路的上一级应装设具有所需分断能力的短路保护电器；其上下两级的短路保护电器的动作特性应配合，使该段线路及其短路保护电器能承受通过的短路能量。"

具有选择性的方案：①采用上级熔断体的弧前 I^2t_{min} 值大于下级熔断体的弧前 I^2t_{min} 值且弧前时间大于 0.01s 时，上下级熔断器间具有选择性；②短路时，上级熔断器的时间－电流特性曲线上对应预期短路电流值的熔断时间，比下级断路器瞬时脱扣器的动作时间大 0.1s 以上，能满足选择性要求；③当正确整定各项参数时，上级选择型断路器与下级非选择型断路器具有良好的选择性；④当正确整定各项参数时，上级选择型断路器与下级熔断器能实现选择性。

99. 平战结合地铁的正常照明负荷级别如何确定？设计呢？

[问题补充] 平战结合地铁的正常照明负荷级别是否按二级负荷供电，照度标准是多少？有些地铁设计图中战时照明仅为平时的应急照明（集中 EPS 供电），此种做法是否合理？

平战结合地铁的站厅站台等公共区的照明、地下区间照明和应急照明均为一级负荷；地上站厅站台等公共区照明、附属房间照明为二级负荷；广告照明为三级负荷。地下站厅地面照度 200lx，地下站台地面照度 150lx。战时照明应根据战时功能的照度标准、统一眩光值、显色指数、应急照明连续供电时间的要求确定。平时的应急照明（集中 EPS 供电）满足相关规范要求，可作为战时照明。

根据《地铁设计规范》GB 50157—2013 第 15.5.1 条："地铁用电设备的负荷分级应符合下列规定：

1. 下列负荷应为一级负荷：

1）火灾自动报警系统设备、消防水泵及消防水管电保温设备、防排烟风机及各类防火排烟阀、防火（卷帘）门、消防疏散用自动扶梯、消防电梯、应急照明、主排水泵、雨水泵、防淹门及火灾或其他灾害仍需使用的用电设备；通信系统设备、信号系统设备、综合监控系统设备、电力监控系统设备、环境与设备监控系统设备、门禁系统设备、安防设施；自动售检票设备、站台门设备、变电所操作电源、地下站厅站台等公共区照明、地下区间照明、供暖区的锅炉房设备等。

2）火灾自动报警系统设备、环境与设备监控系统设备、专用通信系统设备、信号系统设备、变电所操作电源、地下车站及区间的应急照明为一级负荷中特别重要负荷。

2. 乘客信息系统、变电所检修电源、地上站厅站台等公共区照明、附属房间照明、普通风机、排污泵、电梯、非消防疏散用自动扶梯和自动人行道，应为二级负荷。

3. 区间检修设备、附属房间电源插座、车站空调制冷及水系统设备、广告照明、清洁设备、电热设备、培训及模拟系统设备，应为三级负荷。

4. 车辆基地、控制中心大楼内建筑电气设备的负荷分级，应符合现行行业标准《民用建筑电气设计标准》GB 51348—2019 的有关规定。"

以及《城市轨道交通照明》GB/T 16275—2008 第 5.3 条："城市轨道交通运营各场所正常照明的照度标准值应符合表 4（表 5-1）的规定。根据建筑等级、使用情况、所处地区等因素，车站站台、站厅、通道等公共场所照度可提高或降低一个照明等级。"

城市轨道交通各类场所正常照明的标准值　　　　　　　　表 5-1

类别	场所	参考平面及其高度	照度（lx）	统一眩光限值 UGR_L	显色指数 R_a	备注
车站	出入口门厅\楼梯\自动扶梯	地面	150		80	考虑过渡照明
	通道	地面	150		80	
	站内楼梯\自动扶梯	地面	150		80	
	售票室\自动售票机	台面	300	19	80	
	检票处\自动检票口	台面	300		80	
	站厅（地下）	地面	200	22	80	
	站台（地下）	地面	150	22	80	

100. 战时是否需要设置疏散指示标志照明？

[问题补充] 防空地下室战时是否需要设置疏散指示标志照明？若需要，具体如何设置？由人防工程往外疏散还是往人防工程内疏散？

防空地下室战时不需要专门设置疏散指示标志照明。

根据《人民防空地下室设计规范》GB 50038—2005 第 7.5.4 条："战时的应急照明宜利用平时的应急照明；战时的正常照明可与平时的部分正常照明或值班照明相结合。"以及第 7.5.4 条条文说明："战时应急照明利用平时的应急照明，主要是功能一致，其区别主要是供电保证时间不一致。由于平时使用的需要，设计照明灯具较多，照度也比较高，而战时照度较低，不需要那么多灯具，因此将平时照明的一部分作为战时的正常照明，回路分开控制，两者有机结合。"

101. 应急照明新规范的做法如何做到平战结合？

人防工程需要的不是应急照明的灯具布置和照度，而是其带有的电源。现在的疏散照明灯具及标志对人防是不需要的，灯具布置位置也不完全符合人防要求。人防工程战时照明真正需要的是整个工程战时照度标准及灯具布置，只有工程中设有柴油发电机组，内电源才能比应急照明规范中的电源更安全、可靠。设计中已经在逐渐转变，应急照明只是平时需要，今后平时的应急照明只能是战时照明的一部分。目前仍按人防规范提法，维持现状。

平战结合应急照明应满足：①采用集中控制型应急照明系统；②应急照明灯具采用 A 型灯具；③地面设置的疏散指示标志灯具采用集中电源供电的 A 型灯具；④布置间距均满足《消防应急照明和疏散指示系统技术标准》GB 51309—2018 和《人民防空地下室设计规范》GB 50038—2005 的相关规定；⑤控制方式满足《消防应急照明和疏散指示系统技术标准》GB 51309—2018 的相关规定；⑥供电和通信线路及敷设要求均满足《消防应急照明和疏散指示系统技术标准》GB 51309—2018 和《人民防空地下室设计规范》GB 50038—2005 的相关规定；⑦电源的设置均满足《消防应急照明和疏散指示系统技术标准》GB 51309—2018 和《人民防空地下室设计规范》GB 50038—2005 的相关规定；⑧应急照明控制器设置均满足《消防应急照明和疏散指示系统技术标准》GB 51309—2018 和《人民防空地下室设计规范》GB 50038—2005 的相关规定。

工程中设置消防应急照明和疏散指示系统的目的是当建筑物内发生火灾时，保证在建筑物内的人员可迅速撤离现场，疏散到建筑物外。在有消防设备的房间内，消防人员采取救火措施，需要保证此时的照明电源。

战时人防工程的应急照明主要是保证在市电电源和人防区域电源中断的情况下，工程内人员可继续坚持持续掩蔽，不因发生无照明而产生混乱现象。应急照明系统有自带的直流电源，可保证照明灯具的继续工作。战时是利用平时的应急照明系统为战时服务。平时安装的应急照明灯具和疏散指示系统完全可以利用，不过是将它作为一个光源，疏散指示灯具的箭头方向战时不必去改变，因为它指示的方向朝出口方向。

平时的应急照明系统的电源是 90min，其时间不能满足人防隔绝式防护 120min、180min、360min 时间的要求。战时在临战转换时储备备用蓄电池来保证。对于设置内部柴油电站和针对战时一、二级负荷设有 EPS 电源的人防工程就没有这个问题，不需要储备备用蓄电池。

对于战时只设有城市电源、区域人防电源的人防工程，应该将备用照明的房间按人防功能的要求增加，并应增加防化通信值班室，滤毒室，进、排风机室，人员掩蔽区，配电间等房间。

虽然新版《消防应急照明和疏散指示系统技术标准》GB 51309—2018 的颁布与《人民防空地下室设计规范》GB 50038—2005 第 7.5.5 条存在一些矛盾，但无大的冲突，可以协调一致。战时应急照明平战结合利用平时应急照明还是正确、可行的。

102. 图例平时管吊灯具是否应明确战时转换为链式安装？

[问题补充] 图例应急照明和疏散照明灯具平时管吊，是否应明确战时转换为链式安装？

图例应急照明和疏散照明灯具平时宜选用吸顶、链吊或在侧墙、柱上安装，以减少平战转换工作量。平时采用管吊安装的灯具，战时要更换为链式安装。

根据《人民防空地下室设计规范》GB 50038—2005 第 7.5.14 条："灯具的选择宜选用重量较轻的线吊或链吊灯具和卡口灯头。当室内净高较低或平时使用需要而选用吸顶灯时，应在临战时加设防掉落保护网。"以及第 7.5.14 条条文说明："选用重量较轻的灯具、卡口灯头、线吊或链吊灯头，是为了防止战时遭受袭击时，结构产生剧烈震动，造成灯具掉落伤人。"和《消防应急照明和疏散指示系统技术标准》GB 51309—2018 第 4.5 节"灯具安装"的相关条文。

103. 规范里平时照明中的值班照明是指哪些地方的照明？

值班照明是指在非工作时间里，为需要夜间、节假日值守或巡视值班人防工程内的出入口，口部通道，公共区走道，厕所，平、战时重要设备房间，防化通信值班室，电站控制室，电站机房，配电间，水泵房等场所提供的照明。它对照度要求不高，可以利用工作照明中能单独控制的一部分，也可利用应急照明，对其电源没有特殊要求。

104. 根据《人民防空地下室设计规范》GB 50038—2005 第 7.3.5 条，人防照明能否采用智能照明系统？

人防照明能采用智能照明系统。

根据《人民防空地下室设计规范》GB 50038—2005 第 7.3.5 条："防空地下室内的各种电气设备当采用集中控制或自动控制时，必须设置就地控制装置、就地解除集中控制和自动控制的装置。"以及第 7.3.5 条条文说明："各种电气设备必须保留就地控制的目的是：1 集中控制或自动控制失灵时，仍可就地操作；2 检修和维护的需要。在就地有解除集中和自动控制的措施，其目的是在检修设备时，防止设备运行，保障检修人员的安全。"

智能照明系统一般使用在人流、客流日均变化较大的场所，例如地铁车站公共区、大型商场、公交、码头的候客厅、剧场、电影院等场所，根据人流量的变化自动调节照明灯具的亮度，同时也是节能的措施。但是大量的人防工程平时是汽车库，照度又不高，很少设有智能照明系统。如地铁车站内站厅层，站台层公共区在早、晚人流高峰时对照度要求明显不同，设计采用智能照明系统调节照度，战时可以利用。

一般人防工程是战时临时使用的场所，不存在人流的大量流动及高、低峰照度需求的工况，没有必要为人防工程专设智能照明系统。

105. 战时智能应急照明与疏散指示标志照明的主机如何设置？

[问题补充] 战时智能应急照明与疏散指示标志照明主机如何设置？是否需要与平时的同类设备通信？

战时智能应急照明与疏散指示标志照明主机（应急照明控制器）应设置在消防控制室内或有人值班的场所；当系统设置多台应急照明控制器时，起集中控制功能的应急照明控制器应设置在消防控制室内，每个防护单元的防化通信值班室内应设置该单元内的应急照明分区配电箱，自带应急电源，并接入人防电源转换。战时应急照明不存在需要网络通信线的问题。

106. 根据规范人防照明灯具是否可以采用壁装？

如果设计了有效的防止战时遭受袭击时，结构产生剧烈震动，造成灯具掉落伤人的措施，可以采用壁装。壁灯的灯具和灯泡采用玻璃制品，则不能采用壁装。战时灯具的安装方式可采用线吊、链吊或加设了防掉落保护网的吸顶安装。

根据《人民防空地下室设计规范》GB 50038—2005 第 7.5.14 条："灯具的选择宜选用重量较轻的线吊或链吊灯具和卡口灯头。当室内净高较低或平时使用需要而选用吸顶灯时，应在临战时加设防掉落保护网。"以及第 7.5.14 条条文说明："选用重量较轻的灯具、卡口灯头、线吊或链吊灯头，是为了防止战时遭受袭击时，结构产生剧烈震动,造成灯具掉落伤人。"和《全国民用建筑工程设计技术措施—防空地下室》2009JSCS—6 第 6.5.18 条:"考虑战时防空地下室受到冲击所产生震动的影响,灯具优先选用重量轻的线吊和链吊灯具,卡口式灯头。"

107. 防护密闭门外一个回路照明线路能否反复穿越防护区和非防护区?

[问题补充] 所有口部防护密闭门外照明线路设计为一个回路,能否反复穿越防护区和非防护区?

不可以将所有口部防护密闭门外照明线路设计为一个回路;照明线路更不能反复穿越防护区和非防护区。

根据《人民防空地下室设计规范》GB 50038—2005 第 7.5.16 条:"从防护区内引到非防护区的照明电源回路,当防护区内和非防护区灯具共用一个电源回路时,应在防护密闭门内侧、临战封堵处内侧设置短路保护装置,或对非防护区的灯具设置单独回路供电。"和第 7.5.17 条:"战时主要出入口防护密闭门外直至地面的通道照明电源,宜由防护单元内人防电源柜(箱)供电,不宜只使用电力系统电源。"及第 7.5.16 条条文说明:"当非防护区与防护区内照明灯具合用同一回路时,非防护区的照明灯具、线路战时一旦被破坏,发生短路会影响到防护区内的照明。"第 7.5.17 条条文说明:"战时人员主要出入口是战时人员在三种通风方式时均能进、出的出入口,特别是在滤毒式通风时,人员只能从这个出入口进出,所以由防护密闭门以外直至地面的通道照明灯具电源应由防空地下室内部电源来保证。特别是位于地下多层的防空地下室,主要出入口至地面所通过的路径更长,更需要保证照明电源。"

当所有口部防护密闭门外照明线路设计为一个回路时,某个口部非防护区的照明灯具、线路战时一旦被破坏,发生短路,会影响到其他口部的照明,降低照明供电的可靠性。照明线路反复穿越防护区和非防护区时,需要在外墙或临空墙或密闭墙上对线路进行防护密闭处理或密闭处理,人为增加了施工难度。

108. 战时专用的口部通道需要作平时照明设计吗? 管线是否需要预埋?

只要是建筑物,平时都要做照明设计。平时工程要维护、检修、管理,不能没有照明。宜按照战时照明标准设计,平战结合。

根据《人民防空地下室设计规范》GB 50038—2005 第 7.4.5 条:"各人员出入口和连通口的防护密闭门门框墙、密闭门门框墙上均应预埋 4~6 根备用管,管径为 50~80mm,管壁厚度不小于 2.5mm 的热镀锌钢管,并应符合防护密闭要求"以及第 7.4.5 条条文说明:"预留备用穿线钢管是为了供平时和战时可能增加的各种动力、照明、内部电源、通信、自动检测等所需要。防止工程竣工后,因增加各种管线,在密闭隔墙上随便钻洞、打孔,影响到防空地下室的密闭和结构强度。"

　　平时不使用的战时专用的口部通道，也宜按照战时照明标准设计，并符合工程平时维护、检修、管理时照明的需要，实现平战合用。

109. 人防滤毒室内的插座是否必须为防溅型插座？

　　人防滤毒室内战后要冲洗，人防滤毒室内设置的插座选用防溅型插座。

　　根据《人民防空地下室设计规范》GB 50038—2005 第 2.1.38 条："滤毒室是装有通风滤毒设备的专用房间。"第 3.4.9 条："滤毒室与进风机室应分室布置。滤毒室应设在染毒区，滤毒室的门应设置在直通地面和清洁区的密闭通道或防毒通道内，并应设密闭门；进风机室应设在清洁区。"

　　根据《人民防空地下室设计规范》GB 50038—2005 第 6.4.5 条："防空地下室口部染毒区墙面、地面的冲洗应符合下列要求：需冲洗的部位包括进风竖井、进风扩散室、除尘室、滤毒室（包括与滤毒室相连的密闭通道）和战时主要出入口的洗消间（简易洗消间）、防毒通道及其防护密闭门以外的通道，并应在这些部位设置收集洗消废水的地漏、清扫口或集水坑。"在外界染毒后，为便于人员进出及工程设备系统的正常运行，需要对染毒的墙、地面进行洗消。洗消的方法主要是利用冲洗栓或冲洗龙头进行冲洗，也可用掺加化学剂的水进行刷洗。需洗消的部位包括墙、通道各个面。防护密闭门内可设集水坑，用于收集滤毒室、密闭通道等处的墙、地面冲洗产生的废水；也可采用在滤毒室、密闭通道设防爆地漏的方法，把室内染毒区墙、地面冲洗废水排至防护密闭门进风口部的排水方式，如图 5-2、图 5-3 所示。

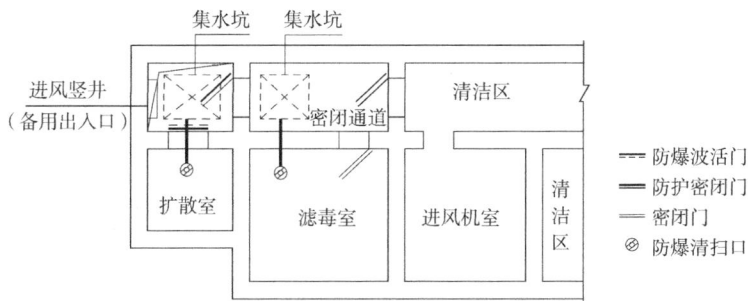

图 5-2　进风口部的排水方式图（一）

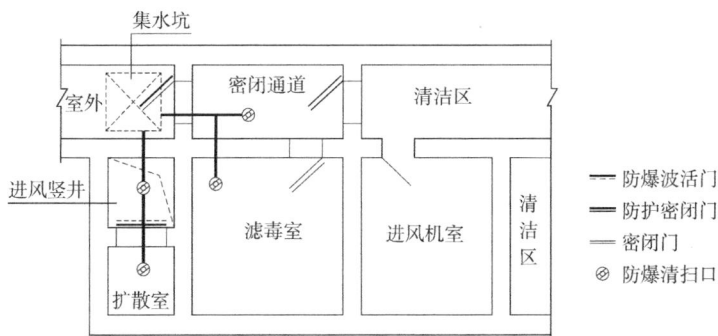

图 5-3　进风口部的排水方式图（二）

第6章

接地

110. 电站与低压配电柜的接地形式是 TN-C-S，而规范要求 TN-S？

[问题补充] 人防电站中柴油发电机组与电站配电箱间的接地形式是 TN-C-S，而《人民防空地下室设计规范》GB 50038—2005 中要求采用 TN-S，如何理解？

防空地下室内部配电系统，内部电源设置柴油发电机组时应采用 TN-S 系统；引接区域电源时宜采用 TN-C-S 系统。摘自《人民防空地下室设计规范》GB 50038—2005 第 7.6.1 条条文说明及《全国民用建筑工程设计技术措施—防空地下室》2009 JSCS—6 中第 6.6.1 条。

发电机组的接地形式在国标图集《防雷与接地》14D504 及《交流电气装置的接地设计规范》GB/T 50065—2011 中均有图示及明确规定：发电机电源采用 TN-C-S 制，出四根线，三根相线加一根 PEN 线。

（1）《防雷与接地》14D504 第 105 页：发电机的第四根线为 PEN 线，采用 TN-C-S 制。

（2）《交流电气装置的接地设计规范》GB/T 50065—2011 图 7.1.2-5 中"在电源处的接地"为发电机组的外壳接地。图 7.1.2-4 中"系统的接地可通过一个或多个接地极来实现"即在第一受电端处进行接地满足要求。发电机房内仅需机组外壳接地。

（3）在配电柜第一受电端将 PEN 分离成 PE 和 N，即达到《建筑物防雷设计规范》GB 50057—2010 第 6.1.2 条"当电源采用 TN 系统时，从建筑物总配电箱起供电给本建筑物内的配电线路和分支线路必须采用 TN-S 系统"之要求。

（4）由《供配电系统设计规范》GB 50052—2009 第 7.0.1 条可知，我国的配电制式有二线制、两相三线制、三相三线制、三线四线制，不存在所谓的"五线制"，即 PE 线不计入配电制式。

111. 接地故障有什么危害？

相线、中性线等带电导体与大地、电气装置内与大地有连接的外露导电金属部分和装置外导电金属部分之间的短路，称为接地故障。接地故障引起的最常见的事故就是间接接触电击，以及接地故障引起的对地电弧或电火花所造成的火灾。接地故障引起的电气灾害比一般短路的危险性要大，接地故障引起的间接接触电击的防范措施要比直接接触电击防范措施复杂，因而要重视。

112. 10/0.4kV 变电所的接地是系统接地还是保护接地？

10/0.4kV 变电所的配电变压器中性点的接地是系统接地。电气装置非带电的金属部分和非电气装置金属部分的接地是保护接地。在人防工程中，这两个接地常共用同一接地装置。

113. 如何设置重复接地？

重复接地是 TN 系统的系统接地的重复设置，是提高电气安全的有效手段。TN 系统中用电设备的外露非带电金属部分通过 PE 线与电源中性点的系统接地进行了电气连接，实现用电设备的保护接地。若用电设备附近有现成的接地装置可用来作重复接地，在发生接地故障时使 PE 线对地电位更接近地电位，从而提高了电气安全。总等电位联结中的埋地金属管道、建筑金属结构等均是良好的接地极。PE 线与总等电位联结实现了 TN 系统的重复接地。

114. 人防工程内哪些位置需要设置等电位联结端子？

《人民防空地下室设计规范》GB 50038—2005 第 7.6.3 条："防空地下室室内应将下列导电部分做等电位联结：

1 保护接地干线；

2 电气装置人工接地极的接地干线或总接地端子；

3 室内的公用金属管道，如通风管、给水管、排水管、电缆或电线的穿线管；

4 建筑物结构中的金属构件，如防护密闭门、密闭门、防爆波活门的金属门框等；

5 室内的电气设备金属外壳；

6 电缆金属外护层。"

另依据《人民防空地下室设计规范图示—电气专业》05SFD10 第 7-2 页（图 6-1）。需设置等电位端子的位置主要有：柴油电站、储油间、电站控制室、配电间、防化通信值班室、风机房、淋浴间、洗消间、滤毒室、卸油井井口附近等。等电位端子在外墙、临空墙、防护密闭墙、密闭隔墙上应采取明装的方式，如考虑暗装则应满足扣除等电位端子厚度后的实际墙体厚度不小于 200mm。

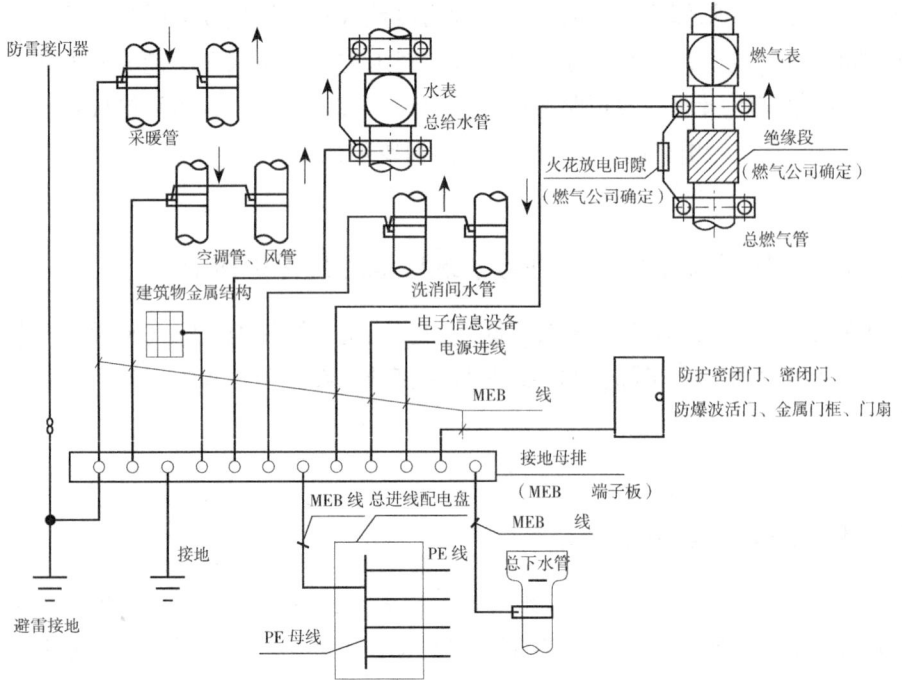

图 6-1 《人民防空地下室设计规范图示—电气专业》05SFD10 第 7-2 页中总等电位接地系统

第 7 章

柴油电站

115. 相邻有多个大于 5000m² 的防空地下室可否共设一个战时电站？

[问题补充] 一个小区内有两个或多个大于 5000m² 的防空地下室时，可否共设一个战时电站（战时电站供电服务半径允许范围内）？

在供电服务半径允许范围内的一个小区有两个或多个大于 5000m² 的防空地下室时，可共设一个战时电站。

根据《人民防空地下室设计规范》GB 50038—2005 第 7.2.11 条：救护站、防空专业队工程、人员掩蔽工程、配套工程等防空地下室，建筑面积之和大于 5000m²，应在工程内部设置柴油电站。该条条文说明："本条是依据现行《战技要求》的有关规定制定的。其中第 2 款建筑面积大于 5000m² 应指以下几种情况：1 新建单个防空地下室的建筑面积大于 5000m²；2 新建建筑小区各种类型的（救护站、防空专业队工程、人员掩蔽工程、配套工程等）多个单体防空地下室的建筑面积之和大于 5000m²；3 新建防空地下室与已建而又未引接内部电源的防空地下室的建筑面积之和大于 5000m² 时。例如：某建筑小区一、二期人防工程的建筑面积小于 5000m²，未设置电站，当建造第三期人防工程，它的建筑面积与一、二期之和大于 5000m² 时，应设置电站；现在设置内部电站的要求相当明确，电站设在工程内部，靠近负荷中心；简化了供电系统，节省了电气设备投资，供电安全可靠，维修管理便捷。扩大了防空地下室设置电站的覆盖率，平战结合更为紧密。"

一个小区有两个或多个大于 5000m² 的防空地下室，可认为是适用《人民防空地下室设计规范》GB 50038—2005 第 7.2.11 条"防空专业队工程、人员掩蔽工程、配套工程等防空地下室，建筑面积之和大于 5000m²，应在工程内部设置柴油电站"之规定的。

柴油电站的类型可采用固定电站或多个移动电站。原则上每个单体大于 5000m² 的防空地下室各自设置移动电站最为安全、经济、合理、平战转换快捷。固定电站相较移动电站机组容量较大，具有技术要求高、辅助设备多、馈电电缆长、截面大、穿越防护单元多、投资大等特点。当固定电站的电缆通过室外埋地敷设，再接入到邻近防空地下室时，其受电端的战时备用电源应视为区域电源，需要对工程内的一级负荷再设置 EPS 电源。所以二者相比，设置多个移动电站优于设置固定电站。

116. 对防护单元数量较多的人防工程可以设置移动柴油电站吗？

[问题补充] 对防护单元数量较多且规范没要求应设置固定电站的人防工程可以优先考虑设置移动柴油电站吗？

应首先考虑设置固定电站，当条件限制时才考虑设置移动电站。固定电站的技术要求较高意味着运行可靠性高，而且不少于两台机组的固定电站对供电范围内的一级负荷也是有备用机组的，而移动电站就不具备备用的条件。

《人民防空地下室设计规范》GB 50038—2005 第 7.7.2 条："平战结合的防空地下室电站类型应符合下列要求：1 中心医院、急救医院应设置固定电站；2 救护站、防空专业队工程、人员掩蔽工程、配套工程的电站类型应符合下列要求：1）当发电机组总容量大于 120kW 时，宜设置固定电站；当条件受到限制时，可设置 2 个或多个移动电站；2）当发电机组总容量不大于 120kW 时宜设置移动电站；3）固定电站内设置柴油发电机组不应少于 2 台，最多不宜超过 4 台；4）移动电站内宜设置 1~2 台柴油发电机组。"

所以，防空专业队工程、人员掩蔽工程、配套工程条件受到限制时，可设置 2 个或多个移动电站，但人防工程中有中心医院、急救医院必须设固定电站。

117. 固定电站内外电源切换箱是设置在机房还是控制室？

[问题补充] 人防工程中固定电站辅助设备内外电源切换箱是设置在机房内还是控制室内合适？为什么？

人防工程中固定电站的内外电源切换箱应该设置在电站机房内。根据《人民防空地下室设计规范》GB 50038—2005 第 7.2.4 条，电站辅助设备均属于一级负荷，按照一级负荷供电的要求需要两个独立的电源负荷侧切换，电站辅助设备均设置在柴油机房内，属于负荷用电的末端，且在战时使用时与电站控制室之间密闭通道的两道密闭门关闭严实，非常不方便人员的进出。若内外电源切换箱设置在控制室内既不方便电源箱的操作，也不符合一级负荷两个电源负荷侧切换的供电要求。

118. 战时电站的防护等级应与供电范围内工程最高抗力级别相一致？

[问题补充] 战时人防电站的防护能力是否应与其所供电范围内工程最高抗力级别相一致？

电站的防护抗力应与所供电范围内工程最高抗力级别相一致。原则上就是要求将人防电站设置在高抗力等级的防护单元内，至少也是与高抗力等级人防相邻的独立防护单元的固定电站。

根据《全国民用建筑工程设计技术措施——防空地下室》2009JSCS—6 第 2.7.5 条、第 2.7.6 条及第 6.7.1 条相关要求，移动电站或固定电站的抗力等级与供电范围内防空地下室（人防工程）的最高抗力级别相一致。这样才能确保在相同条件下不会出现受电端单元完好无损而供电端电站损害造成工程不能正常使用的情况。移动电站为结合防护单元设置，这就确定了只能与最高抗力等级工程毗邻，不存在在低抗力人防工程内设置高抗力移动电站的情况。固定电站可以单独设置，也可与防护单元结合设置。在与防护单元结合设置的情况下，同样是只能与工程最高抗力等级单元结合，否则不能满足"抗力等级与供电范围内防空地下室（人防工程）的最高抗力级别相一致"的要求。在低抗力等级区域设置高抗力等级电站，电站至高抗力单元的配电线路是无保障的，降低了供电可靠性，同时由于要对配电线路采取提高防护措施的手段，也增加了工程造价。至于题中所述提高供电路径范围工程的抗力等级也是不可取的。人防工程是按防护单元自成体系，提高供电路径范围工程抗力等级等同于提高供电路径上防护单元的抗力等级，实质上就是通过将低抗力工程设计成高抗力工程实现电站结合最高抗力等级单元设置，增加了工程造价。

119. 多个抗力级别防护单元共用的电站及电站控制室如何设置？

[问题补充] 5 级人防与 6 级人防区间隔非人防区，电站设在 6 级人防区，电站应按 5 级人防设置，请问电站控制室是否也需按 5 级人防设置并设独立进排风系统，还是可以直接设在 6 级人防区？

5 级人防与 6 级人防区间隔非人防区时，电站应设在 5 级人防区。

根据《全国民用建筑工程设计技术措施——防空地下室》2009JSCS—6 第 2.7.6 条第 1 款第 1 项：电站抗力级别与供电范围内防空地下室（人防工程）的最高抗力级别相一致；第 3 项：电站由控制室（清洁区）和发电机房（染毒区）两部分组成，可以知道电站的控制室应与发电机房抗力级别一致。如果电站设置在 6 级人防区，其通过非人防区送到 5 级人防区工程的出线电缆还要采取防护措施。该 6 级人防电站应为区域电站，那 5 级人防区的工程还要对一级负荷设置 EPS 电源，这违背了设置人防电站的初衷，是不符合人防战技要求和设计规范要求的。

针对此问题，可以有以下几种解决方法：

（1）在 5 级人防区内设置独立固定人防电站。通风系统应满足以下要求：①发电机房应设置独立的通风（排烟）系统，独立设置的固定电站，其控制室应设置独立的通风系统；②控制室设清洁、隔绝、滤毒三种通风方式；③发电机房设机械排风、机械进风的通风方式以及机组排烟系统，同时应设置独立的给水排水及供油系统。

（2）与 5 级人防单元结合设计固定电站，其控制室不需要独立设置通风系统。

（3）在 5 级人防区及 6 级人防区内分别设置移动电站或固定电站，这样可以避免电缆穿过非人防区，提高内部电源的可靠性。

120. 人防工程发电机容量计算与选择有何注意事项?

在实际工程设计中,人防工程中移动电站和固定电站的发电机容量的计算,一般是按负荷计算表中统计结果选用的。

《人民防空地下室施工图设计文件审查要点》RFJ 06—2008 第 6.3.1 条:负荷计算:①电力负荷应按平时和战时两种情况分别计算;②可按国家建筑标准设计图集《〈人民防空地下室设计规范〉图示—电气专业》05SFD10 的第 3-3 页平时、战时负荷表栏填写。

移动电站的机组容量因为设计规范规定不超过 120kW,因此大量的 5000~10000m² 的人员掩蔽工程、物资库、汽车库工程在设计时按负荷统计表计算,不论是否达到 120kW 容量,一般均选用一台 120kW 机组,配电箱出线开关一般选用 8 路(其中 2 路备用),1 个防护单元一般不超过 20kW,则基本可以满足 5 个防护单元及电站的战时负荷用电量。若防护单元数量超过时一般需增设移动电站数量。

这其中有个原因:移动电站由于平时不安装,战时安装,设计不仅需考虑电站机房的建筑布置容积,还应考虑临战时是否真有这么多 120kW 机组供给,针对不同情况出现,这样处理比较灵活。

固定电站作区域电站设计的,其机组容量按照设计任务书中规定的容量设计,对机组不再进行容量计算。

固定电站一般用于指挥工程、医疗救护工程,规范规定应平战结合,平时安装到位。设计时其各专业所提资料比较齐全,应按需要系数法计算。由于人防工程内同类机电设备数量较少、使用率较高,其需要系数取值较高,而且还要考虑 10% ~ 15% 的备用量,有的电站还要兼做区域电站,所以机组容量的选择趋向偏安全。

当固定电站平、战负荷容量相差太大时,不宜兼作平时消防应急电源机组。若固定电站兼作平时消防应急电源,应按平时、战时两种负荷容量分别计算,选择其容量大的机组使用。

人防工程使用的电源,无论平时、战时都是以城市电力电源为主(除指挥工程)。人防电站只是在市电电源断电情况下使用,也是一种应急使用的电源。

121. 移动电站战时主要出入口如何设置? 防倒塌棚架有要求吗?

[问题补充] 移动电站战时主要出入口是否一定需结合汽车坡道设置?出入口是否按防倒塌棚架设计?

《人民防空地下室设计规范》GB 50038—2005 及国家建筑标准图集《防空地下室移动柴油电站》07FJ05 中均没有要求移动电站的出入口设置在主要出入口。这里要搞清几个问题:

(1) 移动电站的出入口在《人民防空地下室设计规范》GB 50038—2005 第 3.6 节中规定"发电机房应设有能够通至室外地面的发电机组运输出入口",但没有要求一定是在主要出入口，不需要专为移动电站设置防倒塌棚架。

（2）考虑柴油发电机的运输是机组整体搬运，所以机房的大门结合平时汽车坡道出入口是最为方便，也是最合理的。凡是有汽车坡道的人防工程，机房的出入口均应设置在靠近坡道处。特别不应将楼梯踏步出入口作为柴油发电机组的运输出入口。

（3）柴油发电机运输通道原则上不允许设置在人防清洁区范围内，无直通外部的柴油机房出入口，不能以人防工程内部清洁区作为柴油机组的运输通道。柴油发电机组临战前运入机房内，战时还应考虑机组出现故障需要运出去修理、更换时，防化要求是不允许柴油发电机组在染毒工况下通过清洁区运输，而且清洁区设有防爆隔墙，机组也无法运输，也不利于战时添加油桶的运入。此时工程会出现停电。

（4）移动电站柴油发电机房人防门允许开向相邻的，具有直通地面汽车坡道出入口的非人防地下室区域。

122. 人防电站的结合设置必须与项目中最高抗力单元结合吗？

[问题补充] 人防电站的结合设置必须与项目中最高抗力单元结合吗？规范依据是什么？

人防电站的防护抗力等级设计要求：在《全国民用建筑工程设计技术措施—防空地下室》2009JSCS—6第6.7.1条防空地下室电站的选址，其中第2款：宜与主体建筑相结合设置，并应满足防护要求。当供多个不同等级的防护单元使用时，电站的抗力级别应满足与其供电范围内工程最高抗力级别相一致的要求。

主要理由：当同一地块相邻人防工程设有不同等级的人防工程，且共用1个人防电站时，应该设置在高抗力等级的人防工程内，可同时向低等级人防工程供电。当高等级人防工程遭受到核武器或常规武器攻击时，一旦工程受到破坏，那低等级的人防工程可能损坏程度更严重。相反当低等级人防工程遭受到核武器或常规武器攻击时，工程受到破坏，高等级的人防工程不一定受损。因此，电站设置在高等级的人防工程内，若低等级人防工程遭破坏，不会影响高等级人防工程的继续用电；反之，电站设置在低等级人防工程内，若高等级人防工程遭破坏，则高、低等级人防工程全没有电了。

例如当抗力级别为核5级、常5级和抗力级别为核6级、常6级的人防工程使用同一电站时，电站应该设置在核5级、常5级人防工程内。若设置独立式固定电站，抗力等级也应是核5级、常5级。

123. 人防移动电站内拖车式机组是否需要设基础？

《人民防空地下室设计规范》GB 50038—2005第2.1.66条是这样解释移动电站的："具有运输条件，发电机组可方便设置就位，且具有专用通风、排烟系统的柴油电站。"因此人防工程中的移动电站不能理解成拖车电站。移动电站设置柴油发电机组的选型是普通型的。

国家建筑标准设计图集《防空地下室移动柴油电站》07FJ05 中的柴油发电机组设有高出室内地坪 100mm 的基础，主要是考虑便于机组清洁管理，机组底盘中不易积存油污废物等。发电机组直接安装在基础上，机组应设置配套减震器。

图集中选用的机组也不是拖车式发电机组。因为拖车式发电机组带 2 个大车轮子，体积比较大，也比较高，虽然有轮子，运输也不一定方便。另外有的人防工程不一定有坡道出入口，并且机房的人防门要选大，故有其局限性。

假如具有条件，能将拖车式发电机组运入移动电站内，那也是可以的。拖车式机组不需要设置基础，并且机房内已设有基础也不会影响到使用，可以根据拖车尺寸在机房地面采取临时措施进行处理解决。

124. 电站是否可设置在地下三层及以下？

仅战时使用的电站可以设置在地下三层及以下。

《民用建筑电气设计标准》GB 51348—2019 第 6.1.2 条规定："自备应急柴油发电机组和备用柴油发电机组的机房设计应符合下列规定：1 机房宜布置在建筑的首层、地下室、裙房屋面。当地下室为三层及以上时，不宜设置在最底层，并靠近变电所设置。机房宜靠建筑外墙布置，应有通风、防潮、机组的排烟、消声和减振等措施并满足环保要求。"但《建筑设计防火规范》GB 50016—2014（2018 年版）第 5.4.13 条规定："布置在民用建筑内的柴油发电机房应符合下列规定：1 宜布置在首层或地下一、二层。2 不应布置在人员密集场所的上一层、下一层或贴邻。3 应采用耐火极限不低于 2.00h 的防火隔墙和 1.50h 的不燃性楼板与其他部位分隔，门应采用甲级防火门。"此规定的目的是消防安全。

《人民防空地下室设计规范》GB 50038—2005 第 7.7.1 条规定："防空地下室的柴油电站选址应符合下列要求：1 靠近负荷中心；2 交通运输、输油、取水比较方便；3 管线进、出比较方便。"《全国民用建筑工程设计技术措施—防空地下室》2009JSCS—6 第 6.7.1 条第 4 款规定："多层防空地下室的柴油电站宜设置在底层。尽量避免设在建筑物的楼板上。平战结合平时安装使用的柴油电站，应符合平时的使用要求。"

对于平时不使用的人防工程专用柴油发电机组，平时不储油、不通电或不安装，当地下室层数大于或等于三层时，可以设置在最底层，有利于降低结构成本、提高防护性能及核爆炸时的结构安全性。同时应避免设在建筑物的楼板上，否则使用时会产生空腔震动，影响工程的使用环境。

125. 柴油电站排烟对环境和工程隐蔽都很不利，设置烟气处理设备电气专业需注意什么？

烟气处理设备的正常运行对柴油发电机的正常运行及人防工程安全都有重要影

响，因此该设备的用电负荷应列为一级负荷。又由于其设置在排烟井（通常也是排风井）室外端，属于染毒区，因此应在电站控制室内对该设备进行远程控制。下面对烟气处理方式做介绍，方便电气专业配套做好设计。

柴油电站的排烟呈黑、蓝、灰或白色，而且温度高，易暴露排烟口和工程位置，排烟还污染环境，在居民区时经常遭举报投诉，甚至被误认为火灾。排烟口一旦遭受打击，将发生堵塞，进而造成柴油发电机无法运行。在信息化时代，战时失去柴油电站的后果将是灾难性的。考虑其对柴油发电机正常运行及工程安全的重要影响，其负荷等级应为一级负荷。

烟气处理设备应设置在排烟井（通常也是排风井）的室外端。如果烟气处理设备设在电站内，处理后的烟气温度一般远高于地下烟道温度，在烟道冷却作用下，烟气中部分不可见的气态的水或油会凝结形成新的烟雾。为了彻底消除排烟口的烟雾，烟气处理设备应设在排烟井的室外端，直接把处理后的烟气排放到大气中，避免产生烟雾。

电站排烟热红外伪装技术按是否降低烟气温度分为冷却式和非冷却式两类。热红外伪装技术一般要求排烟口和周围环境辐射温差不超过 4℃，而冷却式伪装技术通过水等介质可把烟气温度降到约 70℃，这使排烟口温度远高于环境温度，尤其是冬季达不到热红外伪装要求，所以该技术已被淘汰。而非冷却式伪装技术采用气层隔离可使排烟口壁面始终保持和环境温度一致，不需要降低烟气温度且还能达到热红外伪装要求，即使处于零度以下的环境，仍然能满足要求，所以目前主要采用该技术。非冷却式伪装技术也要求烟气处理设备设置在排烟井（通常也是排风井）室外端，具体见《人民防空工程暖通空调设计百问百答》。

采用非冷却式伪装技术的代表性设备是伪装消烟装置，设置在排烟井室外端的井口内或者井口外。因为排烟井内烟气温度高，烟气处理设备的供电和控制电缆不能通过该井引出，可从距离排烟井较近的常温的柴油电站进风井或其他口部引出。

第 8 章

通信

126. 一、二等人员掩蔽部通信如何设计？弱电线路如何设计？

[**问题补充**] 一、二等人员掩蔽部是否应设置与所在地人防指挥机关相互联络的直线或专线电话以及弱电线路如何引入人防工程？

一、二等人员掩蔽部设置与所在地人防指挥机关相互联络的直线或专线电话，其标准高于《人民防空地下室设计规范》GB 50038—2005 的有关规定，是允许的。通信线路设置弱电防爆波电缆井或通过人员出入口的备用管可根据实际情况进行设计。有线通信原则上是利用国家现有电信网络系统的线路。

依据《人民防空地下室设计规范》GB 50038—2005 第 7.8 节通信的有关条文规定，医疗救护工程和防空专业队工程应在值班室、防化通信值班室内设置与所在地人防指挥机关相互联络的直线或专线电话。医疗救护工程中的中心医院、急救医院内设置电话总机，并在办公、医疗、病房、值班室、防化通信值班室、配电间、电站、通风机室等各房间以及救护站、防空专业队工程、人员掩蔽工程、配套工程中的值班室、防化通信值班室、通风机室、发电机房、电站控制室等房间内设置电话分机，且医疗救护工程、防空专业队工程和人员掩蔽工程还应设置应急通信设备。

战时通信线路根据《人民防空地下室设计规范》GB 50038—2005 第 7.8.7 条："战时通信设备线路的引入，应在各人员出入口预留防护密闭穿墙管，穿墙管可利用第 7.4.5 条中的预埋备用管。当需要设置通信防爆波电缆井时，除留有设计需要的穿墙管外，还应按第 7.4.5 条要求预埋备用管。"和第 7.4.8 条："由室外地下进、出防空地下室的强电或弱电线路，应分别设置强电或弱电防爆波电缆井。防爆波电缆井宜设置在紧靠外墙外侧。除留有设计需要的穿墙管数量外，还应符合第 7.4.5 条中预埋备用管的要求。"以及第 7.4.8 条条文说明："强电和弱电电缆直接由室外地下进、出防空地下室时，应防止互相干扰，需分别设置强电、弱电防爆波电缆井，在室外宜紧靠外墙设置防爆波电缆井。由地面建筑上部直接引下至防空地下室内时，可不设置防爆波电缆井，但电缆穿管应采取防护密闭措施。设置防爆波电缆井是为了防止冲击波沿着电缆进入防空地下室室内。"

所以，弱电电缆由室外地下引入防空地下室时，应设置弱电防爆波电缆井，不能与强电共用防爆波电缆井。由地面建筑上部引入至防空地下室时可不设防爆波电缆井，可在各人员出入口预留防护密闭穿墙管，并做防护密闭处理。

127. 对人防通信警报设备间的设计，电气专业有什么技术要求？

人防通信警报设备间的电气设计应满足电力负荷等级及其对供电的要求。

根据《人民防空地下室设计规范》GB 50038—2005 第 7.2.4 条："战时常用设备电力负荷分级应符合表 7.2.4 中规定。"各类人防工程内的基本通信设备、应急通信设备均属于一级负荷。

根据《人民防空地下室设计规范》GB 50038—2005 第 7.2.15 条："防空地下室战时各级负荷的电源应符合下列要求：1 战时一级负荷，应有两个独立的电源供电，其中一个独立电源应是该防空地下室的内部电源；2 战时二级负荷，应引接区域电源，当引接区域电源有困难时，应在防空地下室内设置自备电源；3 战时三级负荷，引接电力系统电源。"可知，基本通信设备、音响警报接收设备、应急通信设备应采用两个独立的电源供电，其中一个独立电源应是该防空地下室的内部电源。若内部电源采用柴油发电机组时，还要增设蓄电池电源。

《人民防空地下室设计规范》GB 50038—2005 第 7.8 节通信中未对人防通信警报设备间提出要求；根据第 3.5.7 条："每个防护单元宜设一个配电室，配电室也可与防化通信值班室合并设置。"可知，每个防护单元中设置防化通信值班室，并没有规定单独设置人防通信警报设备间。战时的基本通信设备、应急通信设备（有线系统、无线系统）应设置在防化通信值班室内，通信设备的电源从该室内的人防电源配电箱中引接。电气专业的设计主要是在人防电源配电箱中，按一级负荷要求设置配出的开关回路，容量应满足第 7~8 节的规定。另外在一些有关房间内设置电话分机，即满足设计要求。

若人防通信警报设备设置于地面建筑物顶层或其他位置，那就不属于人防工程的设计内容，应由人防通信部门负责处理。

128. 人防工程如何设置战时电话分机？

中心医院、急救医院内应设置电话总机，并在办公、医疗、病房、值班室、防化通信值班室、配电间、电站、通风机室等各房间内设电话分机。救护站、防空专业队工程、人员掩蔽工程、配套工程中的值班室、防化通信值班室、通风机室、发电机房、电站控制室等房间应设置电话分机。

根据《人民防空地下室设计规范》GB 50038—2005 第 7.8.4 条："中心医院、急救医院内应设置电话总机，并在办公、医疗、病房、值班室、防化通信值班室、配电间、电站、通风机室等各房间内设有电话分机。"第 7.8.5 条："救护站、防空专业队工程、人员掩蔽工程、配套工程中的值班室、防化通信值班室、通风机室、发电机房、电站控制室等房间应设置电话分机。"

根据《人民防空地下室设计规范》GB 50038—2005 第 3.5.7 条："每个防护单元宜设一个配电室，配电室也可与防化通信值班室合并设置。"可知，当救护站、防空专业队工程、人员掩蔽工程、配套工程中的配电间与防化通信值班室合并设置时，在防化通信值班室设置电话分机即可。当救护站、防空专业队工程、人员掩蔽工程、配套工程中的配电间未与防化通信值班室合并设置时，若配电间设置了战时的配电设备，应设电话分机（方便战时值班、配电设备检修和维护时与上级配电室联系），配电间只设置平时配电设备，则不设电话分机。

129. 战时通信线路由如何设计？

[问题补充] 战时通信进线路由不明确，如何在设计文件中完整体现这部分设计内容？

当设计文件中有通信设计时，战时通信设备线路的引入，应在各人员出入口预留防护密闭穿墙管（可利用人员出入口的预埋电气备用管），当设置了通信防爆波电缆井时，除设计需要的穿墙管外，还应按规范要求预埋备用管；无通信设计时，应在设计说明中进行描述。

根据《人民防空地下室设计规范》GB 50038—2005 第 7.8.7 条："战时通信设备线路的引入，应在各人员出入口预留防护密闭穿墙管，穿墙管可利用本章第 7.4.5 条（各人员出入口和连通口的防护密闭门门框墙、密闭门门框墙上均应预埋 4~6 根备用管，管径为 50~80mm，管壁厚度不小于 2.5mm 的热镀锌钢管，并应符合防护密闭要求）中的预埋备用管。当需要设置通信防爆波电缆井时，除留有设计需要的穿墙管外，还应按第 7.4.5 条要求预埋备用管。"

根据《全国民用建筑工程设计技术措施—防空地下室》2009JSCS—6 第 6.8.5 条："防空专业队工程、人员掩蔽工程、配套工程中的电话机线路应是所在地的市话电信网络，电话出线盒的预埋进线管应引至防护密闭门外，宜设置接线箱。"可知，防空地下室内的电话线路采用防空地下室所在地市话电信网络，可利用口部预埋套管将电话线路引接至防空地下室内的电话出线盒。

根据《人民防空医疗救护工程设计标准》RFJ 005—2011 第 6.5.5 条："各人员出入口和连通口的防护密闭门门框墙、密闭门门框墙上均应预埋供强电、弱电使用的备用管。备用管每处不应少于 6 根，管径为 50~80mm。备用管的敷设应符合防护密闭要求。"和第 6.5.6 条："室外埋地直接进出人防医疗工程内的强电和弱电线路，应分别设置强电和弱电防爆波电缆井。防爆波电缆井进出线缆处应预埋 4~6 根备用管。"可知，医疗救护工程和防空专业队工程设置与所在地人防指挥机关相互联络的直线或专线电话线路室外埋地进出工程中，应设置弱电防爆波电缆井；非埋地进出工程中，可利用口部的预埋套管。

130. 二等人员掩蔽部工程通信如何设计？

[问题补充] 二等人员掩蔽部工程在规范中未要求设置毒剂报警探测器，也未要求设置与上级指挥机关联络的电话，是否在工程设计时应增加通信设计内容？该怎么设计？

现行人防设计规范中对此没有要求。现有人防工程设计中没有必要增加此内容。

在《人民防空工程战术技术要求》中对医疗救护工程和防空专业队工程的通信要求是：医疗救护工程（防空专业队工程）"应具备与所在地人民防空指挥机关相互联络的基本通信和应急通信手段"。对人员掩蔽部工程的通信要求是："人员掩蔽工程内应具备音响警报接收能力和应急通信设备。"

《人民防空地下室设计规范》GB 50038—2005 第 7.8.1 条规定："医疗救护工程和防空专业队工程应设置与所在地人防指挥机关相互联络的直线或专线电话，并应设置应急通信设备。通信设备、电话可设置在值班室、防化通信值班室内。"

第 7.8.2 条规定："人员掩蔽工程应设置电话分机和音响警报接收设备，并应设置应急通信设备。"

二等人员掩蔽部工程与医疗救护工程、防空专业队工程在战时组织管理体制和所承担的职责有极大关系。城市人防工程一般设市、区、街道三级指挥所。中心医院由市级管理；急救医院由区级管理；医疗救护站工程、防空专业队工程、一等人员掩蔽部工程等归街道直接管理。由于一般人防工程（二等人员掩蔽部、配套工程）数量多，分布面广，不可能都由街道指挥所直接管理，而是通过分片（社区居委会一级）管理，所以工程间的通信要求是有所区别的。应该认为医疗救护站工程、防空专业队工程是由街道级指挥所直接领导、指挥，他们之间需要保持相互密切联络，以便进行调度指挥、应急处理问题等工作。这类工程中所配备的通信器材齐全、设备性能高效。二等人员掩蔽部工程主要保障掩蔽人员安全和接受街道指挥所的上、下级联络及敌情传达等。

131. 已设电源插座箱的防化通信值班室电源总箱还要设置通信设备电源回路吗？

[问题补充] 人防工程的战时防化通信值班室已设置电源插座箱，电源总箱是否还要设置通信设备电源回路？

要设置通信设备电源回路。

按照《人民防空地下室设计规范》GB 50038—2005 第 7.8.1 条、第 7.8.2 条、第 7.8.3 条规定，人防工程中应设置战时通信设备、应急通信设备的电源回路；在《全国民用建筑工程设计技术措施—防空地下室》2009JSCS—6 第 6.8.1 条中明确要求人防通信电源应设在防化通信值班室内的人防单元电源配电箱内，并在第 6.3.3 条中所提供的 3 个不同类型的人防单元配电箱供电系统方案中，均设有 1 个供应通信设备专用的开关回路，属一级负荷供电，而不再设置通信电源插座配电箱，与防化电源配电插座箱不同。《人民防空地下室设计规范》GB 50038—2005 第 7.5.11 条、第 7.5.12 条规定所设置的电源插座箱是供防化专业使用的插座箱，在《〈人民防空地下室设计规范〉图示—电气专业》05SFD10 第 6 章照明第 6-2 页防化通信值班室插座设置与《防空地下室电气设备安装》07FD02 第 17 页中 2 个插座箱方案，是供防化专业使用的，而不是供通信专业使用的。

《全国民用建筑工程设计技术措施—防空地下室》2009JSCS—6 第 6.8.2 条又规定："人防电源配电柜（箱）未设置在防化通信值班室内时，应在防化通信值班室或通信机房内设专供战时应急通信设备、通信设备使用的配电箱，在箱内应设有不少于 1 个三相 16 A 和 3 个单相 10 A 断路器的出线回路。"在人员掩蔽工程中人防电源配电箱一般都是设置在防化通信值班室内的。

第 6.8.3 条规定物资库、汽车库工程中的应急通信设备、通信设备电源就设在人防电源配电柜（箱）内，不再另设专用的通信电源配电（插座）箱。人防电源配电箱设置在哪里，通信设备就设置在哪里。

132. 人防电话分机设置位置及管线是否引至非人防区？

《全国民用建筑工程设计技术措施—防空地下室》2009JSCS—6 第 6.8.5 条："防空专业队工程、人员掩蔽工程、配套工程中的电话机线路应是所在地的市话电信网络，电话出线盒的预埋进线管应引至防护密闭门外，宜设置接线箱。"此处规定的是指一个单元的，设计工程中若几个单元在一起相连，也可以在防护密闭门外共用 1 个接线箱，然后单元之间相连通。若地下室有弱电电缆竖井，也可从竖井中引接。原则上保证人防工程内的电话线战时至少有 1 处能与外界连接。

第9章
医疗救护工程

133. 战时医疗工程各医用房间是否还应执行平时医疗工程的规范标准？

当战时医疗工程平时作为医院使用时，各医用房间应执行平时医疗工程的规范标准；当战时医疗工程平时不作为医院使用时，按《人民防空医疗救护工程设计标准》RFJ 005—2011 有关规定执行。

根据《人民防空医疗救护工程设计标准》RFJ 005—2011 第 3.8.6 条："平时作为医院使用的人防医疗工程设计，应符合平时医院相关设计标准的规定。"

134. 施工图阶段如何处理战时医疗工程配置的 UPS？

[问题补充] 战时医疗工程配置的 UPS 一般是战时安装，UPS 容量在设计阶段无法确定，施工图阶段如何处理？

医疗救护工程需配置柴油发电机组作为人防内电源。自启动机组，市电中断后需在 15s 之内向负荷供电（见《人民防空地下室设计规范》GB 50038—2005 第 7.7.5 条）；手动启动机组，市电中断后需由人工操作启动装置向负荷供电。《人民防空医疗救护工程设计标准》RFJ 005—2011 第 6.2.7 条及条文说明要求：对手术室、放射科等场所的重要设备需配置 UPS 电源装置，以保证在电源转换期间重要设备有连续的供电电源。

135. 医疗救护工程中的医用照明是普通照明还是应急照明？

[问题补充] 人民防空医疗救护工程中的医用照明应该是按照普通照明设计还是按照应急照明设计？

《人民防空医疗救护工程设计标准》RFJ 005—2011 第 6.6.2 条中明确规定了手术室等场所需设安全照明、分类厅等场所需设备用照明，并规定了安全照明、备用照明的照度要求。上述安全照明、备用照明属应急照明，负荷为一级；普通照明为二级负荷；所以应急照明不能与普通照明共回路。而在手术室、配血室、库房等处设置的紫外线消毒灯为普通照明，但需专路电源线配电。

136. 医疗救护工程中的正常照明和应急照明可以共用一个配电回路吗？

[问题补充] 人民防空医疗救护工程中的医用照明属于正常照明还是应急照明，可以共用一个配电回路吗？

人民防空医疗救护工程中的医用照明既有正常照明也有应急照明，其中应急照明又分为安全照明、备用照明、疏散照明三种。人民防空医疗救护工程的照明配电箱按医疗功能区、第一密闭区、第二密闭区分别设置，正常照明和应急照明不可以共用配电回路。照明的配电回路宜按通道、出入口、公用房间的照明和房间照明分别设置。

根据《人民防空医疗救护工程设计标准》RFJ 005—2011 第 6.6.1 条："人防医疗工程宜按医疗功能分区设置照明配电箱。其中第一密闭区、第二密闭区应分别设置照明配电箱。"和第 6.6.2 条："人防医疗工程平时和战时的照明均应设置正常照明，下列场所还应设置应急照明：1 手术室、麻醉药械室、无菌器械敷料室、柴油电站控制室等房间应设安全照明。安全照明的照度不应低于正常照明的照度值。2 分类厅、急救观察室、诊疗室、放射科、检验科、功能检查室、药房、血库、中心供应室、重症监护室、重症隔离室、医护办公室、计算机房、防化通信值班室、电话总机室、柴油电站等房间应设备用照明。备用照明的照度不应低于一般照明照度值的 15%。3 分类厅、公共通道、防毒通道、密闭通道、人员出入口通道（含楼梯间）等应设疏散照明。疏散照明的地面最低照度值不低于 5lx。"以及《人民防空地下室设计规范》GB 50038—2005 第 7.5.15 条："通道、出入口、公用房间的照明与房间照明宜由不同回路供电。"

137. 医院急诊观察厅的简易手术台该如何配电？

[问题补充] 人防中心医院急诊观察厅的简易手术台该如何配电？是否和普通手术室做法一样？是否需要单独设置隔离变压器？

简易手术台用电设备按战时一级负荷配电，参见《人民防空医疗救护工程设计标准》RFJ 005—2011；手术室内部用电设备的具体配电要求，战时无特殊要求，可参见相关的医疗工程设计规范，如《综合医院建筑设计规范》GB 51039—2014。

138. 设置备用照明的场所照明配电箱采用双电源供电是否满足要求？

[问题补充]《人民防空医疗救护工程设计标准》RFJ 005—2011 中第 6.6.2 条第 2 款规定的场合设置备用照明的场所，照明配电箱采用双电源供电是否满足要求？所选的灯是否需要带蓄电池？或单独设置 EPS？

按《人民防空医疗救护工程设计标准》RFJ 005—2011 第 6.2.3 条，应急照明属于战时一级负荷。按第 6.3.3 条第 1 款，应采取双电源，双回路末端负荷侧自动切换。如满足要求（设有人防柴油电站电源时），照明灯具可不带蓄电池和设 EPS 电源。

139. 设置备用照明的场所采用双电源供电的照明配电箱能接插座吗？

[问题补充]《人民防空医疗救护工程设计标准》RFJ 005—2011 中第 6.6.2 条第 2 款规定的场合设置备用照明的场所，照明配电箱如果采用双电源供电，那么该区域表 A-1 的插座能否接到照明配电箱上？

按《人民防空医疗救护工程设计标准》RFJ 005—2011 第 6.2.3 条，应先判别表 A-1（表 9-1）的插座属于战时一级负荷还是二级负荷，再根据该场所的照明配电箱是否满足负荷（级别、容量）供电要求决定能否接入。房间的插座应设专用回路，不能与照明灯具合用同一回路。

中心医院的医务工作人员配置及主要医疗设备　　　　表 9-1

部门及科室		房间名称	医生	护士	医技人员	工作人员	主要设备	插座数量（个）
分类急救部		分类厅	2	2	1	4	辐射探测仪 1 台、移动式 300mA X 线机 1 台	10
		急救观察室	3	4			（床 14~16 张、简易手术床 2 张）除颤器 1 台，心电监护仪 10~16 台，呼吸机 3~4 台，人工呼吸器 1 台，心肺复苏器 1~2 台，侧照灯 4 只，供氧设备若干，屏风 1~2 个，加压输液泵 2~3 台，麻醉台，器械台各 2 张，看片灯 1~2 个	每床 1 个
		诊疗室					诊疗床 2 张、办公桌 2 张、药械柜 2 个、治疗车 3~4 台、看片灯 1 个	8
		污物间					污物桶若干	—
洗消间		脱衣室					污物桶 2 个	1
		淋浴室		2		4		—
		检查穿衣室			1		工作台 1 张、辐射探测仪 1 台、衣柜 1 个	1
医技部	放射科	X 线机室					500mA X 线机 2 台	4
		操作诊断室	1		2		操作台 2 个、看片灯 1 个、办公桌 1 张	4

140. 如何在第二密闭区值班室内设置第一密闭区集中监控装置？

[问题补充] 医疗救护工程第一密闭区内的动力、照明负荷应在第二密闭区值班室内设置集中监控装置，如何设置？采用何种功能实现？

《人民防空医疗救护工程设计标准》RFJ 005—2011 第 6.3.5 条："对第一密闭区范围内的动力、照明负荷除在第一密闭区内设置控制箱外，还应在第二密闭区值班室内设置集中监控装置。"该条是按《人民防空工程战术技术要求》医疗救护工程中"对染毒区内需要检测和控制的设备，应设就地和在清洁区隔室测控装置"而制订的。

医疗救护工程的第一密闭区为轻度染毒区，染毒时为了保障少量的医护人员坚持工作所需要的条件，第一密闭区电气设备的运行情况需要在第二密闭区（清洁区）实施监控。可以在第二密闭区防化通信值班室内设置控制箱，主要对第一密闭区内的正常照明，应急照明电源总开关，风机、水泵的远控按钮等，实施控制电源和操作电动机。控制箱上应有运行指示信号灯。

141. 如何确定手术室和其他房间的空调共用室外机的负荷等级？

[问题补充] 手术室和其他医疗救护房间的空调共用室外机时，如何确定负荷等级？

《人民防空医疗救护工程设计标准》RFJ 005—2011 表 6.2.3 中手术室空调设备属一级负荷，医疗救护房间（除手术室外）的空调属二级负荷。由于负荷等级不同，不适合共用室外机。

由于将医疗救护房间的空调供电等级提高后会加大一级负荷的容量，对中心医院、急救医院有可能增加单台发电机组的容量，引起连锁反应，带来一系列不合理的影响，二者应分开，分属一、二级负荷。

142. 平时不用的人防中心医院病房需要设置医疗带吗？

《人民防空医疗救护工程设计标准》RFJ 005—2011 第 3.8.1 条规定：人防中心医院需结合平时的医院设置。人防中心医院的规模仅是平时医院的一个部分，因此人防中心医院病房的所有设施应该是设置到位的。人防中心医院这一类工程，属于市一级的重点人防工程，均应平战结合建造，内部所有医疗设备安装到位。假如明确平时不用，则应在设计任务书中写清楚，并对有关医疗设备的设施是否到位表示准确，由当地人防主管部门审批。设计图纸中可以注明哪些设备不安装，但会增加平战转换工作量。

143. 中心医院、急救医院设置的固定电站机组可否设计为一用一备？

固定电站的两台机组设计不可以设计为一用一备。它违反了《人民防空医疗救护工程设计标准》RFJ 005—2011 第 6.2.5 条第 2 款（强条）"不设备用机组"的规定。

理由如下：

（1）设置"备用机组"实际上是提高了二级负荷的供电等级，而对一级负荷的供电可靠性并没有提高。而且工程中二级负荷是允许短时或较长时间停电的，例如：进、排风机，水泵，辅助医疗设备，部分照明等，没有必要全部的二级负荷都持续保证供电。

（2）设置"备用机组"势必增加柴油发电机组的单机容量，机组容量将会提高1倍。例如：原来选用 $2 \times 200kW$ 机组的容量，按一用一备的话则选用 $2 \times 400kW$ 机组。单机机组容量增大，机房的建筑面积增大，设备体积增大，防护密闭门要增大，运输通道增大，辅助设备增加，总造价增大。平时维护管理费用、工作量也增大。且《人民防空地下室设计规范》GB 50038—2005 第 7.7.2 条第 4 款中规定："柴油发电机组的单机容量不宜大于 300kW。"亦不满足规范要求。

（3）设置"一用一备"机组的方案，战时对一级负荷供电可靠性的要求实际上是降低了，单台机组容量满足全部供电容量要求时只要开 1 台机组，那么当机组出现故障时怎么保证一级负荷？ 2 台一起开，1 台空运转备用？否则 2 台机组并车，那还是同时开 2 台机组。战争期间柴油物资供应紧张，运输道路不畅，应该节约用油，否则会造成不必要的浪费和供电的不可靠性。

（4）工程中设置 2 台机组同时运行，当 1 台机组突然故障时，自动切除二级负荷，可保证工程中的一级负荷设备正常进行重要工作。

144. 电气专业在防化设计、审查中主要注意哪些问题？

电气专业在设计、审查中主要注意以下几项：

（1）通风方式装置系统原理图中，防化报警器探头、主机、控制台（或主控箱）与各分控箱、配电箱或被控设备之间的关系应清楚正确。

（2）通风方式装置系统控制平面图内各设备是否齐全，位置应符合规范要求。

（3）毒剂与射线报警器的位置及电缆敷设应符合规范要求。

（4）防化用电插座应符合规范要求；防化级别丙级的人防工程，设有防化器材储藏室的房间内应设置单相 10A 三孔电源插座 1 个。洗消间脱衣室和检查穿衣室内应设 AC 220V10A 单相三孔带二孔防溅式插座各 2 个。

（5）防化通信值班室、防化化验室、洗消间配电及防化报警器接地应可靠。

（6）防化级别为甲、乙、丙级的人防工程防化通信值班室内应设置防化电源配电箱和插座箱，插座箱按一级负荷，容量分别不小于 5kW、4kW、3kW。

（7）在防化通信值班室内应设置三种通风方式信号控制箱，在战时进风机室、排风机室、防化通信值班室、值班室、柴油发电机房、电站控制室、人员出入口（包括连通口）最里一道密闭门内侧和其他需要设置的地方，设置显示三种通风方式的灯箱和音响装置。

（8）在每个防护单元战时人员主要出入口防护密闭门外侧，应设置有防护能力的音响信号按钮（呼叫按钮）。

第 10 章

智能化

145.什么是"人防工程智能化系统"，可实现哪些功能？

人防工程智能化系统包括人防工程战时环境监测、报警与设备监控系统（含三种防护方式及通风方式转换控制系统）、火灾自动报警及联动控制系统和安全技术防范系统，并对它们进行一体化集成，从而实现整个工程的智能化运行和管理的信息系统。主要设置于人防指挥所，在一等人员掩蔽工程、医疗救护工程等工程中也有相应配置，其他工程根据需要适当删减功能模块。

人防工程智能化系统可实现工程内部防护系统、通风空调系统、给水排水系统、发供电系统、照明系统、三种防护方式及通风方式转换系统等设备的集中监视和控制，以及环境参数在线监测，并通过和火灾自动报警及联动控制系统、安全技术防范系统的一体化系统集成，达到优化资源、方便管理、节约人力、节省能源、提高战时保障能力的目的。

人防工程智能化系统是实现人防工程设备控制和工程管理的一个综合信息化平台，是实现人防工程现代化管理的一个重要手段。

146.人防工程为什么要实现智能化？

人民防空工程是我国国防工程体系的重要组成部分，是我国经济和社会发展的重要方面，是现代化城市建设的重要内容。随着信息技术的迅速发展和广泛应用，采用先进的技术手段实现人防工程的智能化控制和管理，提高人防工程的运维管理水平和战时保障能力，降低工程运行管理费用，是必须的。

尤其是现代信息化战争对人防工程的要求越来越高，而智能化系统可以有效提高工程的快速反应能力和可靠保障水平，所以人防工程智能化建设是国家应对敌人可能突然发动侵略战争的重要措施。

147. 人防工程智能化系统与民用建筑智能化系统的区别有哪些？

（1）人防工程智能化系统与民用建筑智能化系统，本质上都是智能化系统，都是以数据采集为基础、数据传输为纽带、数据分析为依据，实现对设备设施的监视控制、运行维护、故障报警等功能。本质上就是一套数据采集和控制系统。

（2）人防工程智能化系统与民用建筑智能化系统的技术指标、功能和目的不同。作为特殊的建筑形式，人防工程有具体的备战需求，因此智能化系统必须满足工程的战术技术要求，应包含三种防护方式及通风方式的转换控制功能。为了保证人防工程智能化系统的战时可靠稳定运行，系统必须具有复杂电磁环境下的可靠运行能力，以及防核电磁脉冲和常规电磁脉冲武器毁伤及干扰的能力。另外，人防工程多为地下建筑，因此智能化系统的关键硬件设备应具有恶劣环境下的应用能力，以及防潮、防腐、防霉菌措施。

148. 人防工程智能化系统有哪些设计要求？

人防工程智能化系统的设计要求一般体现在以下几个方面：

（1）可靠性和稳定性。设计阶段，不仅要对监控系统的软件尤其是应用软件提出功能要求，还要提出可靠性相关要求，必要时有设计人员指定系统的组态软件，以保证监控系统的长期可靠稳定运行。

（2）安全性和实用性。设备监控要采取相应的防范措施，使得非操作人员不能进入设备监控系统，设备故障时，防止误操作。设备监控系统要考虑操作人员的水平，在满足功能的前提下尽量简化系统。系统的性能要满足一定的战术技术要求，但不能追求某些性能的理想化。另外，在信息安全遭到威胁的大形势下，智能化系统要求采用自主可控的软件和硬件产品。

（3）功能完整性和技术先进性。在设备监控系统设计时，必须将隔绝防护和三种通风方式转换控制作为其基本功能考虑。技术先进并不是说越先进的技术越要采用，智能化系统的技术先进性必须以可靠、稳定、安全为前提。在设计时，必须选择技术先进、成熟可靠的技术和设备。

（4）系统开放性和互操作性。智能化系统相对而言技术复杂，涉及的专业和范围较多，构建时必须考虑系统的开放性和互操作性，从而保证系统的更低运行费用和维护成本。

（5）防水防潮及防核电磁脉冲能力。人防工程一般位于地下，相对湿度较高，智能控制器等须达到 IP65 以上，或安装在防水防潮的控制箱中。且战时周围有高功率的电磁场存在，因此设备、网络等均需具备一定的防核电磁脉冲能力。

（6）平战结合。智能化系统不应只满足战时的工程保障功能，还需具有平时维护阶段所需要的节能、节省人力和工程安全等功能。

149. 人防工程智能化系统的具体设计内容有哪些?

（1）环境监测与设备监控系统：主要监测工程内外的温湿度，工程内部的氧气浓度、二氧化碳浓度、VOC浓度、氡及其子体浓度等，以及监控防护设备、通风空调设备、给水排水设备、发电及供电系统设备等。除此之外，应重点突出隔绝防护和三种通风方式转换控制的设计实现，实时监测防化报警系统的报警信号，根据防化与工程联动的控制要求，适时进行隔绝防护和三种通风方式转换控制。

隔绝防护和三种通风方式转换控制是环境监测与设备监控系统中的功能子系统，一般在设计时与环境监测与设备监控系统统一考虑。

（2）火灾自动报警及联动控制系统：火灾自动报警系统、自动灭火控制系统、消防联动控制系统、消防广播和专用通信系统、事故照明系统等。在人防工程设计中，该系统一般由强电专业负责，智能化系统根据工程要求确定是否需要集成。

（3）安全技术防范系统：视频监控系统、门禁控制系统和入侵报警系统。

（4）系统集成和智能化管理系统。

150. 不同类型人防工程的智能化系统如何设计实现?

人防工程智能化系统包括内容较多，应根据人防工程的分类特点和具体需求进行设计。如前文所述，对于人防指挥所、一等人员掩蔽工程、医疗救护工程等，智能化系统设计较为全面，但对于二等人员掩蔽工程、配套工程等，应考虑实现环境基本参数的感知，尤其是三防转换控制。某些工程内部无通风和防化设备，则不需要设计智能化系统。

由于我国不同省份对于平战转换的要求不同，二等人员掩蔽工程的三防控制系统设计和实现方式也不同。目前多数设计采用标准图集中传统的继电器、接触器、按钮、指示灯等分立器件构建的控制系统，这种系统故障率高、施工过程复杂、三防控制箱/柜之间接线繁多、维护难度大，不利于战时的三防转换控制，不利于战时的人员掩蔽和生存，不利于平时的维护管理和数据采集。建议采用智能型三防控制系统，目前已经较为成熟，且造价与传统分立器件的控制系统基本相当。最为关键的是，智能型三防控制系统，可以预置风机、阀门等设备的日常维护策略，平时自主进行运行和维护，无需人员干预，自动生成维护报告，发现设备故障及时进行声光报警，有条件上云的工程还可以实现云端的远程监管，从而大大提高风机、阀门等有旋转电机类型设备的完好率，提高人防工程的维护管理水平，保证人防工程的战备效益。

151. 人防工程设备监控系统的等级是如何划分的?

人防工程设备监控系统可分为三个等级，分别为一级、二级和三级。

一级监控系统由管理层、监控层和现场层组成，网络层次相对完整。等级较高、规模较大、控制参数和设备较多的工程,如各种等级指挥所工程可采用一级监控系统。

二级监控系统的监控层和管理层合并为二层结构，网络层次相对简单。因此工程等级较低、规模较小,控制参数和设备较少的工程采用二级监控系统,如防空专业队工程、医疗救护工程、一等人员掩蔽工程等。

三级监控系统仅设计控制网即可，各种传感器、执行器、控制器等通过控制网连接，并预留远传接口。二等人员掩蔽工程等适用于此等级。

152. 人防工程设备监控系统具体监视控制哪些参数和设备?

人防工程设备监控系统一般监控的设施设备包括:

（1）通风空调设备的监控。包括进排风机的监控、电动阀门的监控、工程内外空气压差的监测与显示、空调机组远程监控等。

（2）给水排水系统的监控。包括水位和水温监测、污水泵监控、给水泵监控、水阀监控、输油管道阀门监控等。

（3）发电及供电系统设备的监控。包括发电机组的远程监控、高低压配电柜监测、主要供配电回路电气参数监测、智能照明系统监控、UPS/EPS 电源监测。

（4）电动防护（密闭）门等防护设备的监控。

（5）防化报警系统的报警信号监测（监测毒剂报警器、射线报警器等），并根据防化与工程联动的控制要求，适时进行隔绝防护和三种通风方式转换控制，相应驱动三种通风方式信号指示灯。防爆信号按钮的实时监测及呼叫门铃的联动控制。

153. 人防工程安全技术防范系统的等级划分?

安全技术防范系统根据使用功能、工程等级及安全防范的管理需求分为一级和二级。一级安全防范系统应设置出入口控制系统、入侵报警系统、视频监控系统；二级安全防范系统应设置视频监控系统。

指挥所一般采用一级安全技术防范系统，人员掩蔽工程、医疗救护工程等采用二级安全技术防范系统。随着经济发展和技术进步，安全技术防范系统的造价越来越低，功能越来越丰富，人防工程设计时还应考虑工程的平时功能和管理模式。很多平时用于停车库的人防工程，一般还需要设计建设智能停车场管理系统。

154. 人防工程的安全技术防范系统一般有哪些系统?

人防工程中的安全技术防范系统是在技术防范层面系统的一个统称，根据实用的技术、实现的功能及用途的不同，一般分成：出入口控制系统（或称门禁系统）、入侵报警系统、视频监控系统、电子巡更系统、周界报警系统等几个系统。人防工程应根据工程性质、建设规模确定选择的设计内容。如前文所述，很多人防工程平时用于停车库，一般还需要设计建设智能停车场管理系统。

155. "三防"指什么？

我们提到的三防一般指针对核武器、生物武器、化学武器这三种武器效应的防护，这也是老三防的概念。三防是消灭敌人、保护自己的有效形式。我们人防工程设计中提到的三防，如果没有明确限定，指的就是老三防。

近几年，也有专家针对现代战争特点而提出来了"新三防"的概念，就是防精确打击、防电子干扰、防侦察监视，对人防工程防护设计也有参考意义。

156. 什么是"三防转换控制系统"？

三防转换控制系统，很多时候又称三防控制系统，三防智能化系统。但这种说法并不严谨，准确地应该称为"隔绝防护和三种通风方式转换控制系统"，但由于该系统与三防密切相关，而且与防化报警系统（核化生三种武器效应的探测与报警系统）有直接联动，且称呼顺口，因此三防转换控制系统已是事实名称。

为满足人防工程的防化防护要求，一般设置防化报警系统，以实时监测工程内外的核化生参数指标，当发生报警时输出报警信号。当三防控制系统接收到防化报警信息或人为指令时，进行隔绝防护和三种通风转换控制，根据预定程序启停风机、阀门等设备。首先在接收到报警信号后进行一键式隔绝防护操作，然后根据工程情况再进行清洁、滤毒和隔绝通风方式转换，并相应显示工程当前的防护通风状态。

需要说明的是，三防转换控制系统实际上是环境监测与设备监控的一个功能子系统，但因为其是人防工程的特有系统，且环境监测与设备监控在战时也完全围绕着隔绝防护和三种通风方式转换控制这一核心功能运行，所以很多时候提到三防转换控制系统，实际上指的是环境监测与设备监控系统。

157. 三种通风方式是指哪些？

三种通风方式指战时工程所具备的三种防护状态下的通风方式，即清洁式防护状态下的清洁式通风，过滤式防护状态下的滤毒式通风，隔绝式防护下的隔绝式通风。根据工程外部环境情况，通过控制内部设备的不同运行模式，可以实现这三种防护方式及通风方式的转换。

需要特别说明，这是三种防护状态下特定的通风方式，而隔绝防护模式是在工程遭到打击，或在防化报警系统输出报警信号后，应立即进入的工作模式。在隔绝防护模式下，所有进出工程的通道和通风管道都应该立刻关闭。隔绝式通风是在工程转入隔绝式防护状态下的内循环通风方式。

158. 三防转换控制系统需要监控哪些参数或设备?

三防转换控制系统主要监控的参数或设备一般包括:

(1)进出工程进排风管道上的手电动密闭阀门、清洁进风机、滤毒进风机、排风机、循环风机、工程内外超压测量装置;

(2)进出工程污水管道上的闸阀、清洁区内安装的污水泵、输油管道上的阀门;

(3)防爆信号按钮、呼叫门铃、三种通风方式信号指示和报警装置;

(4)防化报警系统的报警信号。

159. 当智能化主机故障时,如何进行三防转换控制?

对于人防指挥所、一等人员掩蔽工程、医疗救护工程等,智能化系统一般设计有主机,实现整个工程的三防控制监控和管理。除了设置主机以外,还应在防化通信值班室设置三防总控制箱,箱体内设置手动的三防转换按钮,内嵌三防转换控制软件,可不通过智能化主机的智能化软件实施三防转换控制。当防化报警系统输出报警信号,且智能化主机故障时,值班员按下"隔绝防护"按钮,实现一键式隔绝防护转换。后续再通过"清洁通风""滤毒通风""隔绝通风"按钮,适时选择恰当的通风方式。

对于二等人员掩蔽工程,三防控制系统一般不再单独设置智能化主机,而是通过三防总控制箱实现隔绝防护和三种通风方式转换控制。

160. 智能化系统控制风机、阀门各需要几芯的控制线?

控制风机至少需要4芯控制线缆,分别用于风机启停的状态监测和启停开关控制。为更全面地监控风机设备,一般还需要监测风机的故障状态、手自动转换开关状态等,此时建议使用8芯控制线缆。

控制阀门至少需要8芯控制线缆,分别用于阀门的开启、关闭控制,阀门的开关到位监测,阀门的故障状态监测,手自动转换开关状态监测等。

161. 三种通风方式信号指示及报警装置具有哪些功能?

三种通风方式信号指示及报警装置具有显示通风状态信息、通风转换提示信息的基本功能,一般不仅显示颜色和文字信息,还应有声音提醒。三种通风方式信号指示及报警装置的产品类型有多种,如三防信号灯箱,可满足三种通风方式信号指示及报警装置的基本功能要求;而智能型三防显示屏,不仅具备基本功能,还可自带环境监测传感器,可显示当前位置环境参数信息等。

162. 三种通风方式信号指示及报警装置应该安装在哪些位置？

应安装在战时进风机房、排风机房、防化通信值班室、值班室、柴油发电机房、电站控制室、人员出入口（包括联通口）最里一道密闭门内侧和其他需要安装的位置。

163. 防化报警系统与智能化系统的关系是什么？

防化报警系统为独立的报警系统，由防化报警探头和报警主机组成，执行核化生等核沾染、化学毒素等探测，发现异常后输出报警信号。如果工程设置有防化报警系统，则防化报警系统需要接入智能化系统（或三防控制系统），将防化报警系统输出的报警信号提供给智能化系统（或三防控制系统），由智能化系统（或三防控制系统）实施隔绝防护下的设备联动控制。

164. 防化乙级人防工程如何设计三防控制系统？

根据《人民防空工程防化设计规范》RFJ 013—2010 第 7.1.1 条："防化级别为乙级的人防工程应设置毒剂报警器。"

（1）要求

①接到毒剂报警信号，工程立即自动转入隔绝式防护；

②风机、阀门和出入口的门等关闭，确定工程密闭性达标之后，可以根据需要转入其他通风方式。

（2）系统配置

①图 10-1 为防化乙级人防工程三防控制系统图，包括三个智能型三防控制箱：三防总控制箱、三防进风机控制箱和三防排风机控制箱，图 10-2 为防化乙级人防工程三防控制系统智能型控制箱面板示意图。三个箱体都内置三防控制器，并通过三防控制网络总线相互连接，实现隔绝防护和三种通风方式的一致性转换控制。需要说明的是，三防进风机控制箱和三防排风机控制箱，已经内置了风机和手电动密闭阀门的配电和控制回路，是强弱电一体化控制箱 / 柜，可以直接连接进排风机和阀门，不再需要另外设置风机控制箱和阀门控制箱。

②三防总控制箱安装于防化值班室，可实现一键式隔绝防护控制，并可进行清洁通风、滤毒通风和隔绝通风这三种通风方式的转换控制。其连接的设备包括：呼叫门铃、防护信号按钮、毒剂报警器和附近的三防显示屏。三防总控制箱应留有不少于两个 RS-485 接口，用于连接毒剂报警器和监测仪。

③三防进风机控制箱安装于进风机房，可实现进风机房附近设备的一键式隔绝防护控制，并可实现附近设备的三种通风方式转换。其连接的设备包括：清洁进风机、滤毒进风机、进风通道上的手电动密闭阀门等。

④三防排风机控制箱安装于排风机房，可实现排风机房附近设备的一键式隔绝

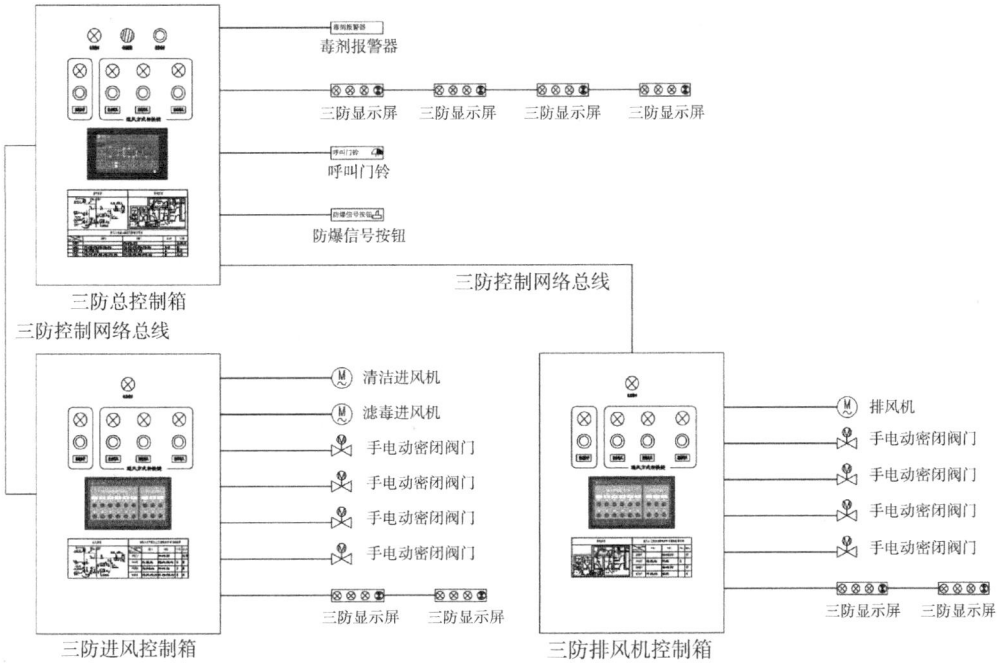

图 10-1　防化乙级人防工程三防控制系统图

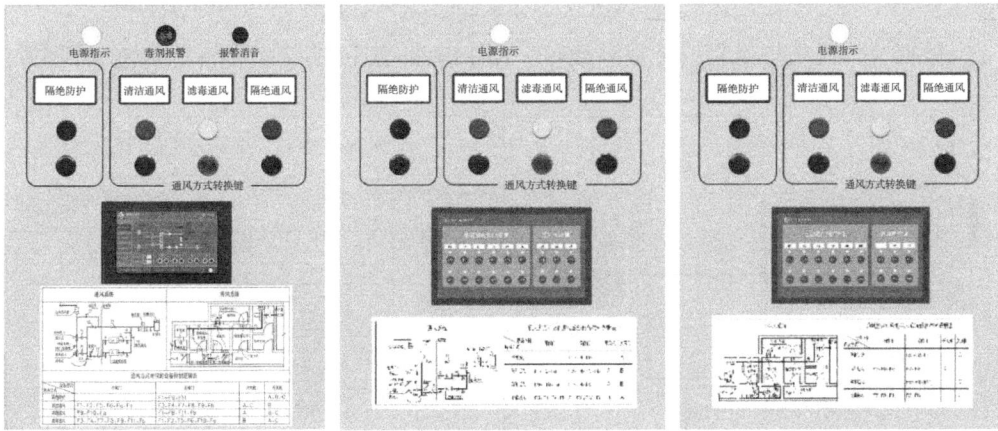

（a）三防总控制箱　　　　　（b）三防进风机控制箱　　　　　（c）三防排风机控制箱

图 10-2　防化乙级要求的三防控制系统智能型控制箱面板示意图

防护控制，并可实现附近设备的三种通风方式转换。其连接的设备包括：排风机、排风通道上的手电动密闭阀门等。

（3）需要注意

①隔绝防护与隔绝通风的区别。隔绝防护是一种紧急状态，当接收到防化报警信号后，或接收到指挥员控制指令后，工程应立刻转入隔绝防护状态，此时工程内外的所有通道，包括风、水、油和人员进出通道都关闭。隔绝防护也可通过防化值班室的三防总控制箱上的一键式隔绝防护按钮实现。而隔绝式通风，是在保证工程

处于隔绝防护，没有内外的空气连通通道后，进行的一种内部通风方式，此时开启循环风机（一般与清洁进风机复用）。

②三防总控制箱的面板上，应设有进排风系统原理图和隔绝防护及三种通风方式转换控制逻辑表。对于设有空调送回风系统的工程，隔绝式通风时，只开启送回风机，不开启清洁式进风机 A 和阀门 Fa、F9 和 F10，如图 10-2（a）和图 10-3 所示。

③进风机控制箱的面板上，应设有进风系统原理图、隔绝防护及三种通风方式转换控制逻辑表，如图 10-2（b）和图 10-3 所示。

④排风机控制箱的面板上，应设有排风系统原理图、隔绝防护及三种通风方式转换控制逻辑表，如图 10-2（c）和图 10-4 所示。

图 10-3 为防化乙级人防工程进风系统及三防控制逻辑图，左侧为进风系统图，右侧为隔绝防护和不同通风方式下的设备控制逻辑表。三防控制系统严格按照该逻辑表，进行相关设备控制。

图 10-4 为防化乙级人防工程排风系统及三防控制逻辑图，左侧为排风系统图，右侧为隔绝防护和不同通风方式下的设备控制逻辑表。三防控制系统严格按照该逻辑表，进行相关设备控制。

165. 防化丙级人防工程如何设计三防控制系统？

根据《人民防空工程防化设计规范》RFJ 013—2010 第 7.2.6 条："防化级别为丙

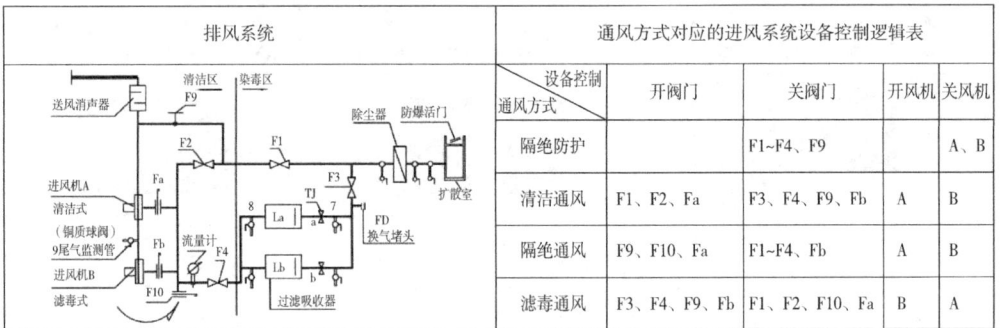

排风系统	通风方式对应的进风系统设备控制逻辑表				
	设备控制 通风方式	开阀门	关阀门	开风机	关风机
	隔绝防护		F1~F4、F9		A、B
	清洁通风	F1、F2、Fa	F3、F4、F9、Fb	A	B
	隔绝通风	F9、F10、Fa	F1~F4、Fb	A	B
	滤毒通风	F3、F4、F9、Fb	F1、F2、F10、Fa	B	A

图 10-3　防化乙级人防工程进风系统及三防控制逻辑图

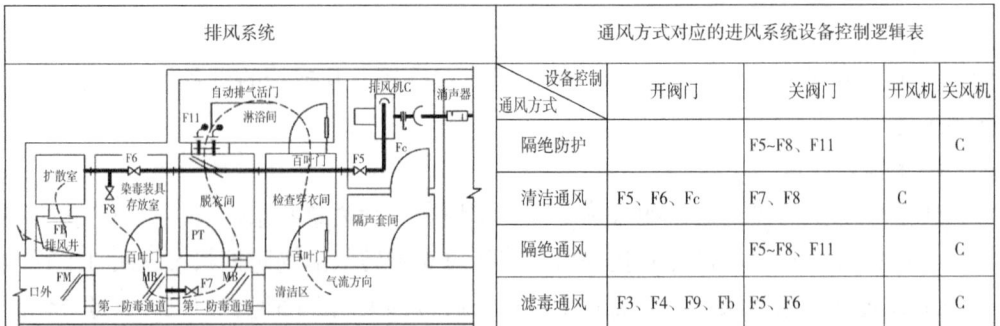

排风系统	通风方式对应的进风系统设备控制逻辑表				
	设备控制 通风方式	开阀门	关阀门	开风机	关风机
	隔绝防护		F5~F8、F11		C
	清洁通风	F5、F6、Fc	F7、F8	C	
	隔绝通风		F5~F8、F11		C
	滤毒通风	F3、F4、F9、Fb	F5、F6		C

图 10-4　防化乙级人防工程排风系统及三防控制逻辑图

级的人防工程应具有接收核化袭击信息的音响报警能力，应具有与当地人防指挥机关相互联络的基本通信和应急通信手段。"

（1）要求

①接到当地人防指挥机关的隔绝防护指令后，工程立即自动转入隔绝式防护；

②风机、阀门和出入口的门等关闭，确定工程密闭性达标之后，可以根据需要转入其他通风方式。

（2）系统配置

①图 10-5 为防化丙级人防工程三防控制系统图，也包括三个智能型三防控制箱：三防总控制箱、三防进风机控制箱和三防排风机控制箱，图 10-6 为防化丙级三防控制系统智能型控制箱面板示意图。三个箱体都内置三防控制器，并通过三防控制网络总线相互连接，实现隔绝防护和三种通风方式的一致性转换控制。需要说明的是，三防进风机控制箱和三防排风机控制箱，已经内置了风机和手电动密闭阀门的配电和控制回路，是强弱电一体化控制箱/柜，可以直接连接进排风机和阀门，不再需要另外设置风机控制箱和阀门控制箱。与防化乙级三防控制系统的不同点在于：三防总控制箱不接入毒剂报警器，因此面板上也没有毒剂报警蜂鸣器，没有报警消音按钮。

②三防总控制箱安装于防化值班室，可实现一键式隔绝防护控制，并可进行清洁通风、滤毒通风和隔绝通风这三种通风方式的转换控制。其连接的设备包括：呼叫门铃、防护信号按钮和附近的三防显示屏。

③三防进风机控制箱安装于进风机房，可实现进风机房附近设备的一键式隔绝

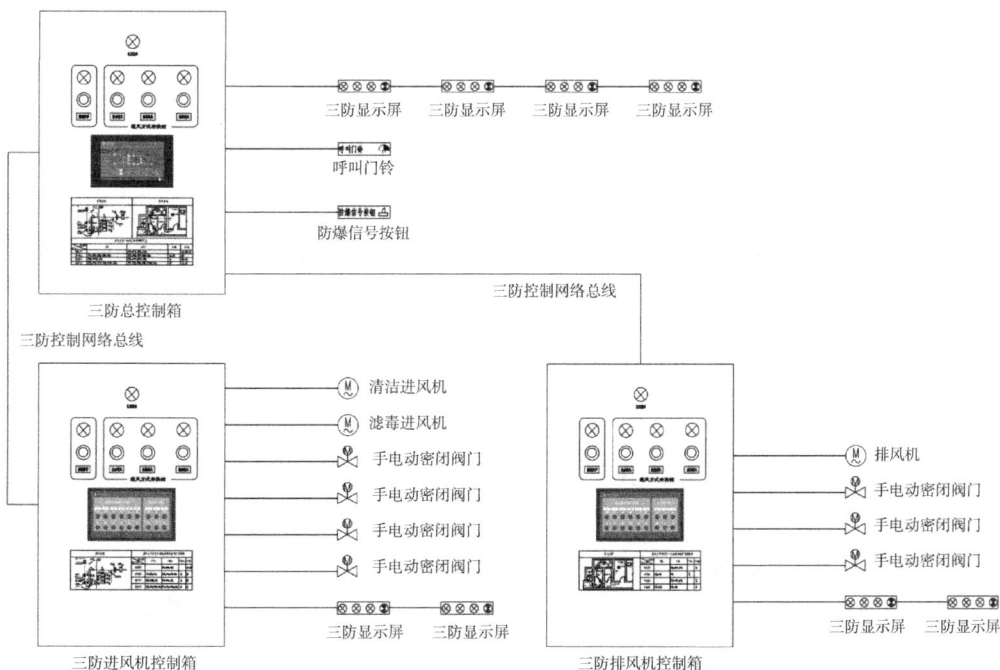

图 10-5　防化丙级人防工程三防控制系统图

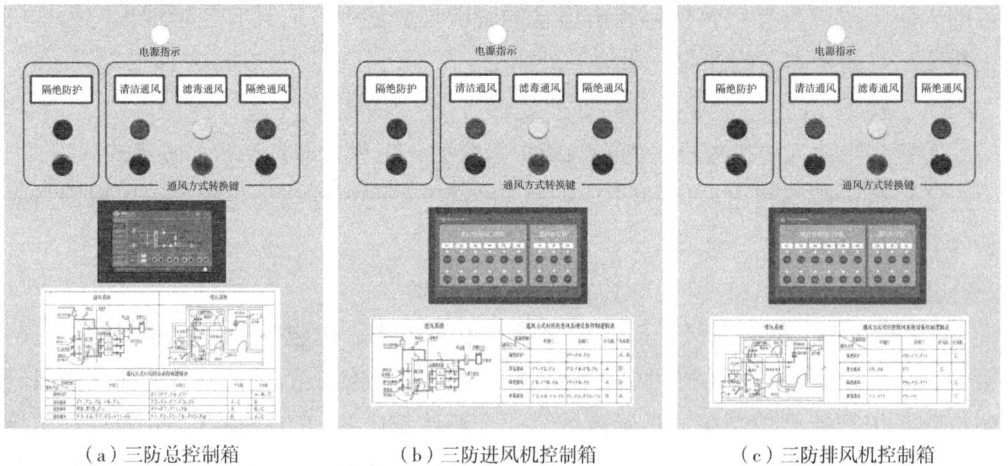

（a）三防总控制箱　　　　　（b）三防进风机控制箱　　　　（c）三防排风机控制箱

图 10-6　防化丙级三防控制系统智能型控制箱面板示意图

防护控制，并可实现附近设备的三种通风方式转换。其连接的设备包括：清洁进风机、滤毒进风机、进风通道上的手电动密闭阀门等。

④三防排风机控制箱安装于排风机房，可实现排风机房附近设备的一键式隔绝防护控制，并可实现附近设备的三种通风方式转换。其连接的设备包括：排风机、排风通道上的手电动密闭阀门等。

（3）需要注意

①隔绝防护与隔绝通风的区别。隔绝防护是一种紧急状态，当接收到指挥员控制指令后，工程应立刻转入隔绝防护状态，此时工程内外的所有通道，包括风、水、油和人员进出通道都关闭。隔绝防护也可通过防化值班室的三防总控制箱上的一键式隔绝防护按钮实现。而隔绝式通风，是在保证工程处于隔绝防护，没有内外的空气连通通道的情况下，进行的一种内部通风方式，此时开启循环风机（一般与清洁进风机复用）。

②三防总控制箱的面板上，应设有进排风系统原理图和隔绝防护及三种通风方式转换控制逻辑表。对于设有空调送回风系统的工程，隔绝式通风时，只开启送回风机，不开启清洁式进风机 A 和阀门 Fa、F9 和 F10，如图 10-6（a）和图 10-7 所示。

③进风机控制箱的面板上，应设有进风系统原理图、隔绝防护及三种通风方式转换控制逻辑表，如图 10-6（b）和图 10-7 所示。

④排风机控制箱的面板上，应设有排风系统原理图、隔绝防护及三种通风方式转换控制逻辑表，如图 10-6（c）和图 10-8 所示。

图 10-7 为防化丙级人防工程进风系统及三防控制逻辑图，左侧为进风系统图，右侧为隔绝防护和不同通风方式下的设备控制逻辑表。三防控制系统严格按照该逻辑表，进行相关设备控制。

图 10-8 为防化丙级人防工程排风系统及三防控制逻辑图，左侧为排风系统图，右侧为隔绝防护和不同通风方式下的设备控制逻辑表。三防控制系统严格按照该逻辑表，进行相关设备控制。

图 10-7　防化丙级人防工程进风系统及三防控制逻辑图

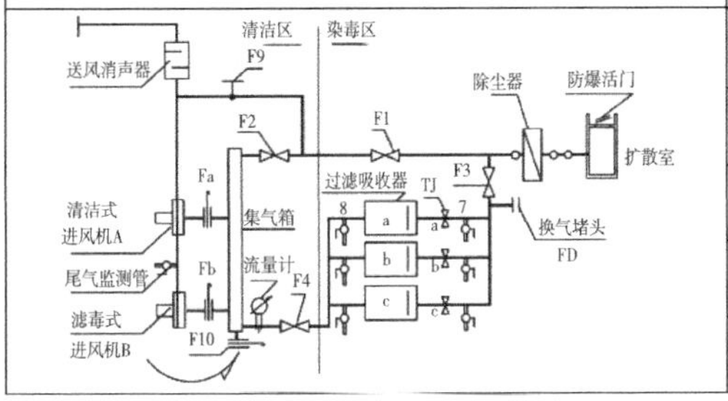

通风方式对应的进风系统设备控制逻辑表				
设备控制 通风方式	开阀门	关阀门	开风机	关风机
隔绝防护		F1~F4、F9		A、B
清洁通风	F1、F2、Fa	F3、F4、F9、Fb	A	B
隔绝通风	F9、F10、Fa	F1~F4、Fb	A	B
滤毒通风	F3、F4、F9、Fb	F1、F2、F10、Fa	B	A

图 10-8　防化丙级人防工程排风系统及三防控制逻辑图

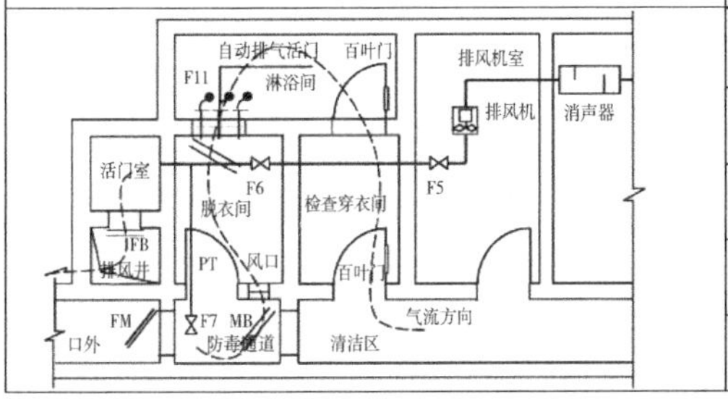

通风方式对应的进风系统设备控制逻辑表				
设备控制 通风方式	开阀门	关阀门	开风机	关风机
隔绝防护		F5~F7、F11		C
清洁通风	F5、F6	F7	C	B
隔绝通风		F5~F7、F11		C
滤毒通风	F7、F11	F5、F6		C

166. 接到报警信号后，三防转换一般是首先转入隔绝式通风，这对吗？

不对！

这样做可能造成灾难性后果。接到报警信号后，三防转换应首先转入隔绝式防护而不是隔绝式通风。三防控制箱应增加隔绝式防护键，三防信号显示箱也应增加隔绝式防护显示灯。详述如下：

人防工程进风系统均设在战时人员的次要出入口，隔绝式通风的循环风机多数是清洁式进风机。实际验收发现，接到报警信号工程立即转入隔绝式通风，会导致进风机室回风口处立即形成负压区，而此时手动启闭的门和密闭阀门并未关闭，外界染毒空气大量进入工程，因此这样做必然造成灾难性后果。

正确的做法应是在接到警报信号后首先转入隔绝式防护，这是三种防护方式控制和三种通风方式转换的关键。应尽快按隔绝式防护要求断绝工程内外空气和水的交换，如关闭出入口的门、进排风机、密闭阀门、自动排气活门、污水泵，检查与室外相通的封堵口、管孔等是否密闭，检查排水系统的水封和地漏是否注足水等，这些工作需要一定时间才能完成。完成隔绝式防护后，才可转入隔绝式通风。

目前传统的三防控制箱和三防信号显示箱只有控制或显示清洁式通风、滤毒式通风和隔绝式通风三种通风方式，没有单独的隔绝式防护按键和显示灯。从上面分析可知这是有重大缺陷的，必须在三防控制箱上增加一键式隔绝防护键和相应的信号显示灯，方便相关人员准确理解和控制。

167. 什么是隔绝防护键?

隔绝防护键是在三防控制箱上新增的按键,按下该键时工程立即转入隔绝防护状态。

从电气控制角度,按下该键应能自动关闭所有与外界有空气、水或人员交流的电动设备,例如进风机、排风机、电动密闭阀门、排污泵和出入口的电动防护密闭门等。同时,按下该键后工程内各处的三防显示灯箱的隔绝式防护灯显示蓝色灯光,并且伴有提示的铃声。工程维护管理人员也应立即检查手动启闭的门和密闭阀门等与外界有空气、水和人员交流的设备或部位,未关闭或封堵的应立即关闭或封堵。

这个独立的隔绝式防护键,也称为"一键隔绝"键。

168. 能举个增设隔绝式防护键的三防控制箱实例吗?

新增隔绝式防护键的三防总控制箱,其实例如图10-9所示,下面对其做介绍。

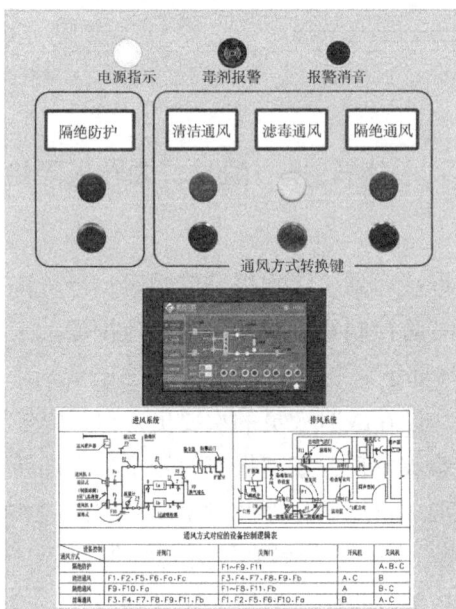

图10-9　增设隔绝式防护键的三防控制箱实例

(1)面板上部按键区:分为通风方式转换按键区和隔绝式防护按键区两部分。

①通风方式转换按键区:设有清洁式通风、隔绝式通风、过滤式通风三个按键,只能转换三种通风方式。按键上方对应配有绿、红、黄三种颜色的显示灯和三种通风方式汉字灯。

②隔绝式防护按键区:只有隔绝式防护按键。按键上方对应配有蓝色的显示灯和汉字灯。

③隔绝式防护和三种通风方式转换时，均伴有提示的铃声。

（2）面板中部可视化监视控制区

该区域可视化监控进风、排风设备及系统，监控三种防护通风方式转换。与箱体内部控制器结合，执行三防控制箱的基本控制逻辑：接到报警信号，首先应转入隔绝式防护；人工检查工程确认达到隔绝式防护要求之后，才可以根据工程具体情况，通过手动按键实施其他通风方式转换。执行该控制时，可分两种情况：

①设有核、生、化报警器的工程，报警器的数据线必须与三防控制箱相连，接到报警后对应的电气设备能自动转入隔绝式防护（面板上同时配有触摸隔绝式防护按钮）。

②未设核、生、化报警器的工程，接到报警时，按下三防控制箱上的触摸隔绝式防护按钮，对应的电气设备能转入隔绝式防护。上部按键、中部触摸按钮互为备用，更加安全可靠。

（3）面板下部通风系统显示区

三防控制箱的面板下部应有进、排风系统原理图和系统防护方式及通风方式转换操作表，方便操作。同时应注意进、排风机室的控制箱也应分别有进、排风系统原理图和系统防护方式及通风方式转换操作表，以便就地控制。

169. 人防工程环境监测具体监测哪些数据？有什么意义？

人防工程环境监测一般监测的参数包括：空气温湿度（室内和室外）、二氧化碳浓度、氧气浓度、一氧化碳浓度、甲醛浓度、挥发性有机化合物（VOC）气体浓度、苯浓度、氨气浓度等，有些工程还具有可燃气体浓度、氡及其子体浓度监测功能，可根据项目实际情况配置不同类型的传感器。

加强人防工程的环境参数监测有两个原因：一是满足工程中重要装备 / 设备的运行环境要求，为工程中的工作 / 掩蔽人员提供一个健康、舒适的环境；二是为通风系统和空气调节系统提供科学的依据，在满足第一个要求的前提下，还要达到节能的目的。

170. 人防工程内部氡及其子体浓度的监测如何实现，如何有效治理？

（1）工程内部氡及其子体浓度的测量，可以使用专门的氡气测量装置进行，应有在线监测和超限报警功能，一般安装在人员值班场所附近。

（2）如果氡及其子体浓度超标，会对人体健康形成较大威胁，此时应进行有效治理。目前来看还是以通风除氡为主：当氡及其子体浓度超标时，监控画面应有弹窗和语音提醒，应可联动开启进、排风系统，空调设备根据室外空气温湿度状态，启动除湿、制冷等运行模式，保证在降氡的同时，维持内部环境的温湿度。对于有些对氡及其子体浓度要求严格的工程，也可以采用专用除氡设备。

171. 未设置 24 小时值班的人防工程如何发现和处理意外情况?

[问题补充]人防工程多位于地下或山体,很难做到 24 小时值班,如发生意外情况,如何快速发现和及时处理?

人防工程多为战时指挥、人员应急疏散、防空使用,平时很少有人员进出,当设备故障或发生意外情况时很难快速发现和及时处理。一般可在有手机信号的位置设置一台短信报警终端,当工程内部设备故障或发生意外情况时,智能化系统会产生报警信息,并通过控制网络和短信报警终端,将报警信息发送到指定值班人员的手机中,值班人员可及时了解情况并快速解决问题。指定人员的手机号码一般不少于 3 个,并可灵活修改。

某些工程可以设置云端接入装置,将工程报警信息接入云端,从而实现云端的远程监控管理。

172. 人防工程内部环境相对较差,如何保证设备设施的完好性?

该问题解决有两个方法:

(1)多举措维护人防工程内部环境,满足设备设施运行的基本条件要求。智能化控制系统可根据前端传感器设备采集的实时数值自动开启或关闭工程除湿通风设备,使内部环境到达所设定的数值。

(2)在智能化系统或三防联动控制系统中,增加设备自动巡检功能模块,使工程中的设备能在规定的时间按照规定的要求定期进行自动运行,连续运行时限也预先设定。这一过程不需要人员干预,可以严格按照维护管理规定和设备运维要求进行,可极大降低风机、阀门等带有旋转部件的设备的故障率,防止出现锈蚀卡死等情况。自动巡检系统发现故障设备,能及时通知工程维护人员进行处理,并能根据故障类型自动给出故障原因和维修方案。该系统能显著提高工程内设备的完好率。

173. 智能化控制系统如何控制前端设备?

前端设备类型众多,不同类型的设备,其控制方法也不一样。因此智能化系统设计时,应明确各自类型设备的控制接口要求,包括防护设备、通风空调设备、给水排水设备、发供电设备,以及防化报警系统设备等。

(1)对于风机、阀门、水泵等仅仅由继电器回路控制的设备,其低压配电控制箱中除就地实现的按钮控制、运行和故障状态指示、手自动转换等功能外,还需预留给智能化系统的远程监控接口。这类接口多是无源 IO 接口,可以通过数字量模块或模拟量模块,接入智能化系统,并在上位机软件中实现远程设备监控。

(2)对于发电机组、空调机组、水处理机组等,由于其自身已带控制器,自身相关的参数采集和附属设备监控都已实现且自成体系,因此要求该控制器为智能化系统提供一组基于 RS-485 的通信接口（物理形式可以是端子组或者 DB9 接口），并提供完整的通信协议。这类接口称之为智能接口，可以通过协议转换设备或物联网网关设备接入智能化系统，并在上位机软件中实现远程监控。

（3）数字量模块、模拟量模块、协议转换设备、物联网网关设备等智能控制器与上述设备预留接口连接，通过控制网络接入上位机，上位机再通过智能化监控软件对设备进行监测，并对智能控制器发送指令，实现对前端设备的监视控制。控制网络可以采用现场总线形式，也可以采用以太网形式。

174. 智能化系统远程控制设备时，如何判断设备是否运行？

智能化系统与被控设备的连接接口，除有控制点外，还有被控设备运行状态的反馈点，当设备动作时，反馈点会向系统提供运行状态信息，值班室人员可通过反馈状态点判断设备是否已启动。不管接口形式是数字输入输出接口（IO 接口）或智能接口，表示设备运行状态的反馈点是必须有的，如风机运行反馈、阀门开到位反馈等。除了设备运行状态的反馈点外，很多被控设备还具有手自动状态的反馈、故障反馈等。

175. 智能化系统中有哪些绿色环保措施？

智能化系统一方面在战时执行快速可靠的三种通风方式转换控制，一方面在平时实现设备设施的稳定运行维护。战时特殊情况下，不考虑绿色环保问题，但平时运行应利用智能化系统最大限度地节能降耗。平时运行的绿色环保措施包括但不限于：

（1）通过空调送风温湿度的设定，自动调节送风时机，可以在满足人员舒适和特殊设备对运行环境要求的前提下，根据工程内空气温湿度的变化，自动启停空调通风设备，从而达到节能的目的。

（2）通过对工程内外温湿度的监测，自动选择时机进行通风换气，不仅满足通风换气次数要求，而且不启动空调就能保证工程内部温湿度达到设定范围。

（3）通过对公共照明系统的智能化控制，实现公共区域照明人走灯灭，在日常运行维护中保持最低照度要求。通过对公共照明的集中管理，值班人员可根据需要，设置照明区域，在工程出入口的照明面板或值班室软件上点击控制照明开关。

176. 火灾自动报警系统可否受其他系统控制？

根据国家有关规定，火灾自动报警系统不能受其他系统控制，必须独立成系统。但火灾自动报警系统，可以对外提供数据接口，实现智能化系统的集成监控。如当发生火灾时，火灾自动报警系统输出报警信号，设备监控系统应立刻关闭相关阀门和风机，同时开启非通风通道的电动门，安全防范系统应立刻解除出入口控制限制。

177.智能化系统是否需要集成火灾自动报警系统？

火灾自动报警系统自成系统并相对独立，其核心功能是实施工程的报警监测和联动控制。但人防工程管理一般缺少人力，尤其是专业人才，因此火灾自动报警系统可接入市域火灾报警管理大平台，或者接入工程智能化系统，并进行统一的维护管理。接入市域大平台的要求和方法在此不赘述，但如果接入智能化系统则需要进行接口对接和功能明确。

一般要求火灾自动报警系统提供一个数据存取的串行通信接口，并提供完整的通信协议。智能化系统通过专用的接口协议转换装置，存取火灾自动报警系统的数据，并进行实时监管。应注意，智能化系统仅对火灾自动报警系统实施监测，而不执行控制，即便是发生火灾时。当智能化系统接收到火灾报警信号时，应通过各种手段将报警信息发送出去，并进行各种关联系统的设备联动。如可通过智能化系统的短信报警功能，将火灾报警信号发送到值班员的专用手机上，提醒值班员及时处置；以及联动出入口控制系统的门禁控制器，释放门锁，保持火灾疏散路径通畅。

178.智能化系统的初步设计和施工图设计的深度有没有明确要求？

智能化系统初步设计一般包括：智能化系统初步设计说明、初步设计材料表、智能化系统原理图、智能化系统平面图。

智能化系统施工图设计是在初步设计的基础上，增加平面图线缆的标注、设备安装位置和高度标注、预埋孔洞图、预埋大样图、设备安装大样图等。

179.智能化系统设计在设备选型时应注意哪些方面？

人防工程智能化系统面向战时，实现环境监测与设备监控，以及实现隔绝防护和三种通风方式转换控制，应在战场环境中正常可靠稳定运行，因此在智能化设计选型时应注意：

（1）设备应尽量选择国产化、自主可控设备；

（2）应具有核电磁脉冲防护能力；

（3）应具有防水（防潮）和防尘能力；

（4）沿海城市的人防工程，还应具有一定的防盐雾能力。

180.智能化系统中上位机、下位机指的是什么？

前几年的智能化系统确有上位机和下位机之说。上位机是指：可以直接发出操作指令的计算机，一般是工控机/服务器/PC等，屏幕上显示各种信息变化（水位、温度等）。下位机是指获取设备状态并直接控制设备的计算机，一般是智能控制器/

PLC/ 单片机等。上位机发出的命令首先给下位机，下位机再根据此命令解释成相应时序信号直接控制相应设备。下位机实时读取设备状态数据（一般是模拟量和数字量数据），转化成标准数字信号反馈给上位机。

但近几年，随着智能控制技术的发展和信息技术的飞速进步，上位机和下位机的区别已不再明显，尤其是在建筑智能化领域，在某些情况下甚至还可以互相替代，因此现在不再特意强调上位机、下位机。

181. 智能化系统中常见的设备控制器有哪些类型？

设备控制器按照其监测控制的被控设备接口类型分为以下几种：

（1）数字量输入（DI）模块，监测数字量信号，如开关状态、报警状态等一切只有 0，1 两种状态的变量。

（2）模拟量输入（AI）模块，监测模拟量信号，如温度、湿度、压力等一切连续变化的参数。

（3）数字量输出（DO）模块，用于对开关方式动作的设备的控制，例如电机的启停、电动阀的开启关闭等。

（4）模拟量输出（AO）模块，用于对连续调节的设备的控制，例如电动调节阀、变频器等，可以从全开到全关之间平滑地调节。

（5）协议转换设备，用于智能型设备的接入和监控，例如除湿空调机组、发电机组等。

设备控制器可以是独立的数字量输入（DI）模块、数字量输出（DO）模块等，也可以是这些模块的复合体，如数字量输入输出模块等。

182. 智能化系统对发电机组的通信接口要求有哪些？

（1）要求发电机组自带的智能控制器，为智能化系统提供一组基于 RS-485 的通信接口。

（2）提供完整的通信协议：向上位机传输的基本数据为：市电电压、发电机转速、油温、油压、油量、电瓶电压、电流、频率、功率、功率因数、发电机工作状态、故障信息等；接受上位机的基本信息为：机组启动命令、机组停机命令，某些项目还可以有合闸命令、供电断电命令等，以及转速报警设定上限、下限，油压报警设定上限、下限，油温报警设定上限、下限，电压报警设定上限、下限，电流报警设定上限、下限等。

183. 智能化系统对空调除湿机组的通信接口要求有哪些？

（1）要求空调除湿机组自带的智能控制器，为智能化系统提供一组基于 RS-485

的通信接口。

（2）提供完整的通信协议：向上位机传输的基本数据为：送风测点温度、送风测点相对湿度、回风温度、回风相对湿度、设定温度、设定相对湿度、设备运行状态、设备故障信息、压缩机（送风机）累计运行时间等；接受上位机的基本信息为：设备启动命令、停机命令、故障复位命令、设备运行模式切换命令、温度参数设定命令、相对湿度参数设定命令等。

184. 智能化系统对电动防护（密闭）门的通信接口要求有哪些？

（1）要求电动防护（密闭）门自带的智能控制器或控制装置，为智能化系统提供一组基于 RS-485 的通信接口。

（2）提供完整的通信协议：向上位机传输的基本数据为：电动防护（密闭）门启闭状态、电动门的故障状态；接受上位机的基本信息为：电动防护（密闭）门开启 / 关闭命令。

185. 智能化系统对风机、手电动密闭阀门等通风设备的通信接口要求有哪些？

（1）智能化系统要求风机、手电动密闭阀门等通风设备的配电控制箱内提供这些设备的远程监测和控制接口，一般要求是无源开关量输入输出接口，可以通过数字量模块接入智能化系统，并在上位机软件中实现远程设备监控。

（2）提供完整的通信协议：向上位机传输的基本数据为：风机运行状态、风机故障状态、手电动密闭阀门的开到位和关到位状态、手电动密闭阀门的故障状态、手自动转换开关状态等；接受上位机的基本信息为：风机的启动停止控制、手电动密闭阀门的开阀控制和关阀控制。

186. 智能化系统对水泵、水阀等给水排水设备的通信接口要求有哪些？

（1）智能化系统要求水泵、水阀等给水排水设备的配电控制箱内提供这些设备的远程监测和控制接口，一般要求是无源开关量输入输出接口，可以通过数字量模块接入智能化系统，并在上位机软件中实现远程设备监控。

（2）提供完整的通信协议：向上位机传输的基本数据为：水泵运行状态、水泵故障信息、水阀的开到位和关到位状态、水阀的故障状态、手自动转换开关状态等；接受上位机的基本信息为：水泵的启动停止控制、水阀的开阀控制和关阀控制；对于污水泵还需有强制停机控制指令。

187. 智能化系统中的抗干扰措施有哪些？

智能化系统的信号多为 DC24V 或以下的弱电信号，容易受到其他信号干扰，一般应采用以下抗干扰措施：

（1）所有管线的敷设应采用镀锌钢管和封闭式钢制桥架进行；

（2）所有弱信号回路（通信线和信号线）的电缆应采用屏蔽电缆；

（3）防化通信值班室的中央计算机采用 UPS 供电；

（4）智能化系统应进行可靠接地；

（5）按照《人民防空工程设计大样图—电气专业（DQ）》RFJ 05—2009 要求，智能控制器应具有核电磁脉冲三级的防护能力。

188. 智能化系统中桥架的设计应注意哪些事项？

（1）工程所用防火金属桥架应做隔板，将配电线缆与信号电缆分隔；桥架全长不少于两处直接接地。

（2）在个别部位桥架与风管交叉时，桥架可降低高度，绕过之后应恢复原高度。

（3）桥架在防护门 180° 开启范围内，应与防护门无碰撞，校核无误后方可施工；否则应将桥架绕开。

（4）桥架梁下 200mm 安装，且最下层桥架底不低于 2.5m；桥架穿防火墙时要做好防火封堵。

（5）除平面图有标注外，预埋套管的高度与所在桥架同高度。

（6）所用线缆均应为阻燃型线缆。

189. 工程通风竖井等位置有什么防止入侵的技术措施？

工程通风竖井位置，可设置红外 / 微波双鉴技术探测器，通过信号线缆，接入防盗报警主机，进行集中管理和操作控制，如布防、撤防等，构成立体的安全防护体系。当系统出现报警信号时，自动提示相关管理人员及时处理。该入侵报警系统还可与视频监控系统联动，相互复合验证，达到可靠安全监控目的。

通风竖井只是入侵报警系统的一个监控点位，任何有可能发生入侵报警的位置都可以像通风竖井这样，设置探测器并与报警主机连接。有人值守的值班室可通过控制键盘进行布防、撤防。一般要求系统具有防破坏功能，在报警线路被切断、报警探头被破坏等情况下均能报警。应与视频监控系统联动，当发生警情时自动启动录像，并实现警情上传功能。入侵报警系统结构示意如图 10-10 所示。

190. 智能化系统对电源和接地的设计要求有哪些？

（1）智能化系统的供电应独立设计，并配有 UPS 电源，UPS 电源的供电时间对

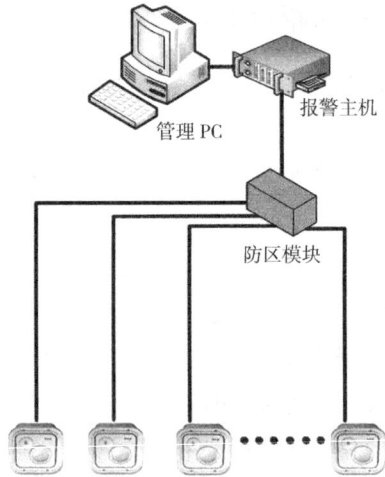

图 10-10　入侵报警系统图

于一级监控系统应不低于 15min，二级监控系统应不低于 5min；

（2）智能化系统设备的供电和接地应做到安全可靠、经济合理、技术先进；

（3）为满足将来的扩容的需要，电源设备机房设计应留有余地；

（4）供电电源质量应符合国家现行有关规范和产品使用的技术条件的规定；

（5）根据智能化系统的规模大小、下位机分布等可分别采取 UPS 分散供电方式和 UPS 集中供电方式；

（6）电力系统与弱电系统的线路应分别敷设；

（7）应采用总等电位联结，各智能化系统设备机房、弱电间、配电间等的接地应采用局部等电位联结，且当采用联合接地体时，接地电阻不应大于 1Ω；

（8）智能化系统设备的供电系统应采取过电压保护等措施；

（9）在智能化系统设备和电气设备的选择及线路敷设时应考虑电磁兼容问题。

191. 智能化系统是否必须由 UPS 电源集中供电？

智能化系统主要由智能控制器实现参数感知、数据采集、基础运算和控制输出，主要由交换机实现数据的传输。智能控制器、交换机等设备均属于精密器件，为了保证系统的稳定运行，应设置 UPS 电源集中供电。另一方面，三防控制系统在战时实施可靠、快速三种通风方式转换控制，对于工程防护性能发挥起到决定性作用，因此不能随意断电，从这个角度上讲必须设计 UPS 电源集中供电。

192. 智能化系统的软件应具备哪些功能？

智能化系统的上位机软件一般包括以下功能：

（1）流程图显示：应提供生动形象的流程图画面来仿真工程中的通风空调、给水排水、发供电等系统的运行情况。

（2）远程控制：值班人员可在画面上通过点击鼠标完成启停风机、水泵、除湿机、手电动密闭阀门、发电机组等设备的操作控制。

（3）隔绝防护和三种通风方式转换控制：根据防化报警主机传来的毒剂或射线报警信号，应能快速、可靠地实施一键式防护隔绝功能，可以根据情况实施三种通风方式转换控制。

（4）空气品质监测：通过在重要位置设置传感器，值班人员可通过监控主机画面，随时了解各个位置的空气品质情况，当指标超限时及时、醒目地报警。

（5）实时及历史数据曲线：能以曲线的形式显示实时或历史数据的变化趋势。

（6）事件日志：系统能准确记录用户对设备的操作事件。

（7）数据报表：用户任意选择参数查询其在任意时间段的数据，并能以表格的形式显示和打印输出。

（8）故障分析：用户可结合事件日志、历史曲线、数据报表等手段分析出设备故障发生的时间和原因。

（9）安全运行措施：系统设置有不同级别的用户，不同用户具有不同的操作控制权限。

（10）与其他子系统的联动。

193. 智能化系统如何提高人防工程的平时运维管理效率？

智能化系统实际上是利用计算机（包括嵌入式计算机）实现了数据采集和设备监控功能，解放了人力。人需要休息，而计算机不需要休息，且其感知信息更丰富，更快速，更可靠。因此最大化智能化系统功能，可以极大提高工程运行效率，提高维护管理水平。智能化系统在提高运维管理效率方面有这些手段：

（1）实时报警判断，出现报警后进行多种手段提醒用户，比如软件弹窗、语音播报、声光警示；有的工程报警可以通过公网短信形式发出，可以指定 3 个以上的接收信息手机号，实现报警信息快速、可靠地推送到维管人员、值班人员或值班领导，并提醒用户如何快速处置。

（2）自动巡检功能，智能化系统可内置设备设施的自动巡检程序，该巡检程序一方面遵循设备设施运行规律，另一方面可根据工程实际情况进行用户自定义。尤其是风机、阀门等有旋转电机的设备，可以极大提高设备完好率，避免出现设备锈蚀卡死等问题。自动巡检程序可以不依赖人为干预而自动运行、自动停机、自动检测、自动生成报告，一旦有故障设备设施会第一时间提醒用户。

（3）手机 App 在线监控功能，该功能用于某些可以利用公网进行实时在线监管的应用场景，可支持多个用户、多个角色的同时在线，实时监测工程内环境参数及空气质量参数数据，监控工程内部设备运行故障状态，并在第一时间进行处置命令发送。

194. 什么是"BIM"？人防行业能如何利用 BIM？

建筑信息模型（Building Information Modeling，简称 BIM），基于参数化的三维建筑/设施的设计、构建、运行和维护思想，以三维数字技术为基础，集成了建筑工程项目各种相关信息的工程数据模型，包括建筑、结构、通风空调、给水排水、发供电，以及信息化、智能化等各专业，包括设计过程、施工过程、运维过程的所有信息，是对工程项目相关信息的详尽表达。而且 BIM 模型不是设计/构建完成就一成不变了，而是需要持续补充完善的。BIM 技术代表了目前建筑领域的最先进技术，并已在住建领域和人防领域开始了积极的探索应用。

BIM 技术可以应用于包括人防工程在内的工程设计、施工和运维阶段，在不同阶段有不同的使用方法，并能达到不同的应用目的。可以实现：

（1）设计阶段：主要是建筑、结构、通风空调等各个专业，通过一个统一的 BIM 设计平台，实现各专业协同设计并即时交互设计信息，避免出现风管、水管打架等专业碰撞问题。利用 BIM 技术还可以实现其他功能，如通风的计算流体动力学模拟（CFD 模拟）等。

（2）施工阶段：主要是施工单位按照设计图纸（BIM 形式）进行实施，由于涵盖了所有专业的全要素数据，因此可以从任何一个角度查阅并利用 BIM 模型，如 45°斜上角的俯览、各个位置的任意角度剖面图等。施工单位按照 BIM 模型构建建筑体，不会出现错误，还可以利用 BIM 模型进行某些关键节点的施工模拟，以指导施工。对于某些优化方案，可以方便地实施价格、工期、危险因素等多维度的比较和判断。

（3）运维阶段：主要是利用 BIM 竣工模型中包括的所有建筑、结构等专业信息，以及施工过程中的文档资料数据，对工程进行各专业、齐要素、全生命周期的运行维护管理。实现通风空调等复杂管线的精确化管理，如吊顶内的风管、风阀等隐蔽工程管理，让故障设备无处遁形。

195. BIM 与智能化系统的结合能给工程运行维护带来哪些好处？

BIM 模型包括了建筑物的所有信息，如图 10-11 所示。

这些信息不仅包括建筑空间数据，还包括设备设施属性数据，如材质、性能、原理、功率等，还包括设备关联的工业过程数据，如风管上一个循环通道的风机、阀门等逻辑关系，还包括设备相关的安装数据，如安装位置、尺寸、出厂日期、安装工程师信息等。当然还有相关的图纸、文档、手册等。所有这些信息均包括在 BIM 模型中（根据 BIM 模型的精细化程度，这些内容有调整，或增加或减少）。

利用 BIM 参数化的精模型和三维立体化展示，结合智能化系统的实时数据和控制网络，构建基于 BIM 的工程智慧运维管理系统，可以切实提高 BIM 模型的应用深度，极大提升工程的维护水平和保障能力。所有的信息均已存储于 BIM 模型中，因此该智慧运维管理系统能发挥更大的功能优势，如表 10-1 所示。

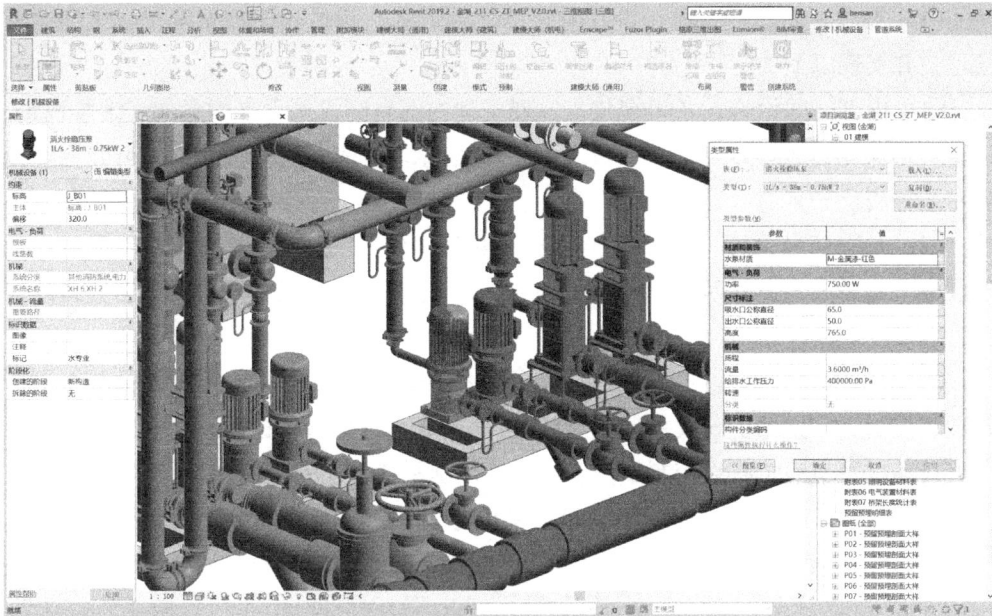

图 10-11　BIM 模型中的设备属性页面

传统的运维系统与基于 BIM 的智慧运维管理系统功能对比表　　表 10-1

序号	对比维度	传统的运维管理系统	基于 BIM 的智慧运维管理系统
1	涵盖信息内容	不够全面，一般仅包括战时保障的风水电等信息，没有维护管理信息，没有空间位置信息等	信息齐全完善，不仅包括战时保障的风水电等信息，还包括建筑空间和位置信息，设备基础属性和运行维护信息，不同专业系统的关联信息等
2	监控手段	监控手段单一，一般都是平面的、系统的，而不是三维的、立体的	监控手段丰富，不仅有平面的、系统的监控管理画面，还包括三维的、立体的空间视角
3	运维监管措施	一般缺乏有效的运维监管措施，不能自动进行维护提醒，不能设置维护计划，不能将维护任务与设备运行实时数据相关联	运维监管有力，一般内置所有设备的运行维护管理要求，关联设备的运行记录信息，自动进行维护提醒，允许用户自定义维护计划或策略，能够在平时自动进行例行维护
4	运维管理可持续性	运维管理可持续性不够，缺乏系统的、可持续的运维手段，好的维护经验和做法不能继承，解决问题的方案或方法不能成为知识	运维管理有持续性，设备设施的运行记录和维护过程实时保存，好的维护经验和做法可以变为知识库使知识得到分享，以后遇到类似的问题可以推送解决方案
5	系统集成功能	系统集成性差，一般仅限于设备和环境的监视控制，很难或很少实现设备、环境与消防、视频、门禁等的集成和联动	系统集成性好，不仅实现设备、环境与消防、视频、门禁等的集成和联动，还可允许用户自定义联动逻辑，自动生成联动报告

196. 基于 BIM 的工程智慧运维管理系统有哪些具体功能？

基于 BIM 的工程智慧运维管理系统，实现了 BIM 模型与智能化系统的数据融合，为工程管理、监控提供直观、形象、准确的三维可视化平台和人机界面。系统可从监控系统中获取对目标的监控数据，在三维虚拟场景中，将数据以文本、图形和视频的方式展示，尤其是人防工程这种特殊建筑形式，更适合于该系统智慧化的运维管理，并实现以下功能：

（1）内部空间设施设备可视化。实现工程内部空间设施设备信息的三维可视化，以直观形象的方式呈现给用户，尤其是各专业管线的精确化管理维护，可分专业或多专业查阅。

（2）基础信息管理。包括工程位置、功能、等级等基本信息的记录和显示，设备设施的日常管理，工程维护管理标准和规范的收集，工程文档、图纸、资料的保存管理。

（3）实时数据管理。把原来独立运行并操作的各设备汇总到统一的平台上进行管理和控制。一方面了解设备的运行状况，另一方面进行远程控制，如三防控制系统、火灾自动报警与消防联动控制系统、出入口控制系统、视频监控系统等。

（4）维护维修管理。为保障人员提供机电设备维护管理平台，以提醒维护人员应于何时进行何种维护维修，或何种设备需要更换何种型号的备品备件等，此外还包括维护、维修日志和备忘录等。维护维修可以通过时间驱动，也可以通过事件驱动，或者直接由工程管理人员驱动。

（5）维护维修知识库管理。提供了工程相关设备的操作规程、培训资料和模拟操作等运维知识，保障人员可根据自己的需要，在遇到运维难题时快速查找和学习。

（6）工程保障数据累积与分析。设施设备维护数据的积累，对于工程管理具有很大的价值。可以通过数据分析判断目前存在的问题和隐患。

（7）应急事件管理。对工程各类报警、提醒信息的实时收集和即时发送，如消防报警、维护提醒、故障警示等；可以将报警内容设置不同优先级，不同优先级下的报警处理方式不同，一级报警下要求人员立刻处置。

（8）智能化无人值守功能。以 BIM 运维管理平台为基础，通过集中的报警引擎探测并发现报警信息，基于网络平台及时发送报警信息，利用智能化控制系统、出入口管理系统等实时紧急联动控制。可加入自动巡检功能，利用知识库和实时数据关联，执行设备设施的自动巡检服务。

以上功能是基于 BIM 的智慧运维管理系统通用功能，具体到某个项目时，应根据具体工程要求相应调整或补充。

197. 智能化系统是否需要监控通信专业的 UPS 电源和机房环境？

通信专业的 UPS 电源和通信设备机房的动环监控系统，一般在通信专业中设计实施，并可独立成系统。但由于人防工程作为一个整体运行维护和管理，因此一般可将这些监控内容也纳入智能化系统中。这些被控对象直接通过监控接口接入，不需要与通信专业的业务系统关联。

与通信业务关联的某些数据，如果需要接入智能化系统，必须经过通信专业的认可,设置网络防火墙,并分配存取权限才能进行。如通信专业设计的视频监控系统,如果需要将部分或全部摄像机监控信号接入智能化系统,都需要满足上述要求。

198. 人防工程哪些地方需要设置通信电话?

目前规范要求,救护站、防空专业队工程、人员掩蔽工程、配套工程中的值班室、防化通信值班室、通风机室、发电机房、电站控制室等房间应设置电话分机。基于目前的工程建设情况,电话分机可使用壁挂式的。应在单元配电柜附近,设置电话接线箱,并内置电话配线架。有条件的工程,应尽量选用超五类线缆作为电话线缆使用。

199. 人防工程如何判断人员进驻的数量?

人防工程尤其是人员掩蔽工程,担负战时人员紧急掩蔽的重任,一般需要有掩蔽人员数量的限制,可以通过智能化手段进行人数统计。但进驻人数统计功能如果仅用于战时,则经济性较差,因此应结合人防工程的平时使用功能,权衡是否设置人数统计功能,如果确定设置则应灵活选用适用的人数判断方法。

人防工程平时多用于有商业用途的地下商场、地下停车库等,这类工程在平时也有人数统计的需求,可在出入口设置具备人脸识别和人员计数功能的摄像机,可以随时监控人员进出,统计人数并分析流量,保障商业场所的安全,也可将视频图像通过后台连接至公安部门系统,便于公安部门甄别犯罪嫌疑人。该系统可在战时提供防护单元内掩蔽人数等基础数据,服务于紧急疏散时的人员掩蔽行动。

附　录

　　人防工程标准、规范、图集、政策法规、技术文件等资料是人防工程设计、施工、验收和维护管理的依据，收集、整理一个目录很有意义。尤其是人防工程有许多地方性规范、规定或政策不为外人熟知，经常因此产生错误。为开阔视野，我们也希望收集、整理部分国外防护工程设计标准等资料，目前只暂列了美国的资料。

　　收集、整理资料当然是越齐全越准确越好，但因为承担收集和整理任务的人员受业务范围和精力等所限，各地完成情况不一，有的较齐全，但有的较简略，有的详细标出了来源和是否仍有效等信息，但有的只是简单列出。由于时间和水平等原因，丛书出版之前难以使之更加完善。本着抛砖引玉的想法，我们将收集的资料列出，仅供参考。资料汇总目录将在"人防问答"网上持续更新，欢迎读者登录该网积极提供并反馈信息。

全国通用人防工程资料目录
（安国伟整理）

一、设计

（一）标准规范

1.《人民防空工程供电标准》RFJ 3—1991

2.《人民防空工程基本术语》RFJ 1—1991

3.《人民防空工程照明设计标准》RFJ 1—1996

4.《人民防空地下室设计规范》GB 50038—2005

5.《人民防空工程设计防火规范》GB 50098—2009

6.《地下工程防水技术规范》GB 50108—2008

7.《轨道交通工程人民防空设计规范》RFJ 02—2009

8.《人民防空工程防化设计规范》RFJ 013—2010

9.《人民防空医疗救护工程设计标准》RFJ 005—2011

10.《城市居住区人民防空工程规划规范》GB 50808—2013

11.《汽车库、修车库、停车场设计防火规范》GB 50067—2014

（二）标准图集

1.《塑料模壳钢筋混凝土双向密肋板通用图集》91RFMLB

2.《人民防空地下室设计规范》图示—建筑专业 05SFJ10

3.《人民防空地下室设计规范》图示—给水排水专业 05SFS10

4.《人民防空地下室设计规范》图示—通风专业 05SFK10

5.《人民防空地下室设计规范》图示—电气专业 05SFD10

6.《防空地下室室外出入口部钢结构装配式防倒塌棚架结构设计》05SFG04

7.《防空地下室室外出入口部钢结构装配式防倒塌棚架建筑设计》05SFJ05

8.《防空地下室室外出入口部钢结构装配式防倒塌棚架 建筑、结构（设计、加工）合订本》05SFJ05、05SFG04

9.《人防工程防护设备图集》RFJ 01—2005

10.《防空地下室建筑设计示例》07FJ01

11.《防空地下室建筑构造》07FJ02

12.《防空地下室防护设备选用》07FJ03

13.《防空地下室移动柴油电站》07FJ05

14.《防空地下室设计荷载及结构构造》07FG01

15.《钢筋混凝土防倒塌棚架》07FG02

16.《防空地下室板式钢筋混凝土楼梯》07FG03

17.《钢筋混凝土门框墙》07FG04

18.《钢筋混凝土通风采光窗井》07FG05

19.《防空地下室给排水设施安装》07FS02

20.《防空地下室通风设计示例》07FK01

21.《防空地下室通风设备安装》07FK02

22.《防空地下室电气设计示例》07FD01

23.《防空地下室电气设备安装》07FD02

24.《防空地下室建筑设计（2007 年合订本）》FJ01~03

25.《防空地下室结构设计（2007 年合订本）》FG01~05

26.《防空地下室通风设计（2007 年合订本）》FK01~02

27.《防空地下室电气设计（2007 年合订本）》FD01~02

28.《防空地下室固定柴油电站》08FJ04

29.《防空地下室施工图设计深度要求及图样》08FJ06

30.《人民防空工程防护设备选用图集》RFJ 01—2008

31.《防空地下室给排水设计示例》09FS01

32.《人防工程设计大样图》RFJ 05—2009

33.《城市轨道交通人防工程口部防护设计》11SFJ07

34.《人民防空工程复合材料（玻璃纤维增强塑料）轻质人防门选用图集》RFJ 003—2013

35.《人民防空工程复合材料轻质人防门选用图集》RFJ 002—2016

36.《人民防空工程复合材料（连续玄武岩纤维）人防门选用图集》RFJ 002—2018

（三）政策法规

1.《中华人民共和国人民防空法》（2009 修正），全国人大常委会，1997 年 1 月 1 日施行

2.《关于规范防空地下室易地建设收费的规定》（计价格〔2000〕474 号），国家国防动员委员会等，2000 年 4 月 27 日施行

3.《人民防空工程建设监理暂行规定》（〔2001〕国人防办字第 7 号），国家人民防空办公室，2001 年 3 月 1 日起施行

4.《人民防空工程平时开发利用管理办法》（〔2001〕国人防办字第 211 号），国家人民防空办公室，2001 年 11 月 1 日起施行

5.《人民防空工程建设管理规定》（国人防办字〔2003〕第 18 号），国家国防动员委员会等，2003 年 2 月 21 日发布施行

6.《人民防空工程设计管理规定》（国人防〔2009〕280 号），国家人民防空办公室，2009 年 7 月 20 日施行

7.《人民防空工程施工图设计文件审查管理办法》（国人防〔2009〕282 号），国家人民防空办公室，2009 年 7 月 20 日施行

8.《关于全国人防系统统一采用卫星通信信道和传输设备有关问题的通知》（国人防〔2009〕285 号）

（四）技术文件

1.《全国民用建筑工程设计技术措施—防空地下室》2009JSCS—6

2.《平战结合人民防空工程设计指南》2014SJZN—PZJH

3.《防空地下室结构设计手册》RFJ 04—2015（共 4 册）

二、施工与验收

1.《人民防空工程施工及验收规范》GB 50134—2004

2.《地下防水工程质量验收规范》GB 50208—2011

3.《人民防空工程质量验收与评价标准》RFJ 01—2015

三、产品

1.《人民防空工程防护设备产品质量检验与施工验收标准》RFJ 01—2002

2.《人民防空工程防护设备试验测试与质量检测标准》RFJ 04—2009

3.《人民防空工程复合材料防护密闭门、密闭门标准》RFJ 001—2016

4.《人民防空工程复合材料（连续玄武岩纤维）防护密闭门、密闭门质量检测标准》RFJ 001—2018

5.《RFP 型人防过滤吸收器制造与验收规范（暂行）》RFJ 006—2021

6.《人民防空工程复合材料（玻璃纤维增强塑料）防护设备质量检测标准（暂行）》RFJ 004—2021

7.《人防工程防护设备产品与安装质量检测标准（暂行）》RFJ 003—2021

四、造价定额

1.《人防工程概算定额》（2007）国家人民防空办公室

2.《人防工程工期定额》（2007）国家人民防空办公室

3.《人民防空工程建设造价管理办法》（国人防〔2010〕287 号），国家人民防空办公室

4.《人民防空工程防护（化）设备信息价管理办法》（国人防〔2010〕291 号），国家人民防空办公室

5.《人民防空工程投资估算编制规程》RF/T 005—2012

6.《人民防空工程估算指标》，国家人防防空办公室，2012 年 6 月 18 日实施

7.《人民防空工程预算定额》共分四册：第一册掘开式工程 HDY99—01—2013；第二册坑地道式工程 HDY99—02—2013；第三册安装工程 HDY99—03—2013；第四册附录，国家人民防空办公室，2013 年 10 月 29 日实施

8.《人民防空工程工程量清单计价规范》RFJ 02—2015

9.《人民防空工程工程量计算规范》RFJ 03—2015

10.《关于实施建筑业"营改增"后人防工程计价依据调整的通知》（防定字〔2016〕20 号），国家人防工程标准定额站，2016 年 5 月 1 日执行

五、维护管理

1.《人防工程平时使用环境卫生要求》GB/T 17216—2012

2.《人民防空工程设备设施标志和着色标准》RFJ 01—2014

3.《人民防空工程维护管理技术规程》RFJ 05—2015

六、其他

国家人民防空办公室与中央电视台 7 频道《和平年代》栏目联合拍摄 10 集大型人防电视纪录片《我身边的人防——人民防空创新发展纪实》

北京市人防工程资料目录

（卫军锋整理）

一、标准规范

1.《防空地下室通风图》（通风部分 内部试用）FJT—2003

2.《人防工程防护设备优选图集》华北标 BJ 系统图集 14BJ15—1

3.《北京市人民防空工程平时使用设计要点（试行）》（京人防办发〔2019〕35 号附件），2019 年 3 月 25 日印发

4.《平战结合人民防空工程设计规范》DB11/ 994—2021

二、政策法规

1.《北京市人民防空工程建设与使用管理规定》（北京市人民政府令第 1 号），1998 年 5 月 1 日实施

2.《北京市人民防空条例》，北京市第十一届人大常委会第 33 次会议通过，2002年 5 月 1 日实施

3. 关于印发《北京市民防规范行政处罚自由裁量权行使规定》和《北京市民防规范行政处罚自由裁量权细化标准（试行）》的通知，北京市民防局，2010 年 11 月29 日施行

4. 关于《关于落实中小学校舍安全工程有关人防工程建设政策的通知》的备案报告（京民防规备字〔2011〕9 号），北京市民防局、北京市教育委员会，2011 年 3月 5 日施行

5. 关于印发《北京市民防行政处罚规程》的通知（京民防发〔2013〕142 号），北京市民防局，2013 年 9 月 22 日施行

6. 关于印发《北京市民防行政处罚信息归集制度（试行）》的通知（京民防发〔2014〕92 号），北京市民防局，2014 年 9 月 4 日施行

7. 关于《北京市人民防空工程建设审批档案管理办法》的备案报告（京民防规备字〔2015〕1 号），北京市民防局，2015 年 1 月 26 日施行

8. 关于印发《北京市固定资产投资项目结合修建人民防空工程审批流程（试行）》的通知（京民防发〔2015〕11 号），北京市民防局，2015 年 3 月 1 日起试行

9. 关于印发《北京市民防行政处罚裁量基准》的通知（京民防发〔2015〕85 号），北京市民防局，2015 年 11 月 25 日施行

10. 关于修订《结合建设项目配建人防工程面积指标计算规则（试行）》并继续试行的通知（京民防发〔2016〕47 号），北京市民防局，2016 年 6 月 28 日施行

11.《关于细化北京市防空地下室易地建设条件的通知》（京民防发〔2016〕54 号），北京市民防局，2016 年 6 月 30 日施行

12. 关于印发《结合建设项目配建人防工程战时功能设置规则（试行）》的通知（京民防发〔2016〕83 号），北京市民防局，2016 年 11 月 14 日施行

13.《关于加强社区防空和防灾减灾规范化建设的意见》（京民防发〔2016〕91 号），北京市民防局，2016 年 12 月 2 日施行

14.《关于进一步加强中小学防空防灾教育的实施意见》（京民防发〔2016〕96 号），北京市民防局，2016 年 12 月 29 日施行

15.《关于城市地下综合管廊兼顾人民防空需要的通知（暂行）》（京民防发〔2017〕73 号），北京市民防局，2017 年 7 月 18 日施行

16.《关于清理规范人防工程改造施工图设计文件专项审查中介服务事项的通知》（京民防发〔2017〕100 号），北京市民防局，2017 年 10 月 31 日施行

17.《关于废止部分行政规范性文件的通知》（京民防发〔2017〕123 号），北京市民防局，2017 年 12 月 22 日施行

18. 关于进一步优化《北京市固定资产投资项目结合修建人民防空工程审批流程》的通知（京民防发〔2017〕120 号），北京市民防局，2017 年 12 月 25 日施行

19.《关于进一步优化营商环境深化建设项目行政审批流程改革的意见》（市

规划国土发〔2018〕69 号），北京市规划和国土资源管理委员会，2018 年 3 月 7 日施行

20. 关于印发《北京市人民防空工程和普通地下室规划用途变更管理规定》的通知（京民防发〔2018〕78 号），北京市民防局，2018 年 8 月 21 日施行

21. 关于印发《"人民防空工程监理乙级、丙级资质许可"告知承诺暂行办法》的通知（京人防发〔2018〕3 号），北京市人民防空办公室，2018 年 11 月 8 日施行

22. 关于印发《"人民防空工程设计乙级资质许可"告知承诺暂行办法》的通知（京人防发〔2018〕2 号），北京市人民防空办公室，2018 年 11 月 8 日施行

23.《关于废止部分工程建设审批领域行政规范性文件的通知》（京人防发〔2018〕7 号），北京市人民防空办公室，2018 年 11 月 16 日施行

24. 印发《关于优化新建社会投资简易低风险工程建设项目审批服务的若干规定》的通知（京政办发〔2019〕10 号），北京市人民政府办公厅，2019 年 4 月 28 日施行

25. 关于印发《北京市人民防空办公室关于建立人民防空行业市场责任主体守信激励和失信惩戒制度的实施办法（试行）》的通知（京人防发〔2019〕72 号），北京市人民防空办公室，2019 年 5 月 31 日施行

26. 关于印发《北京市防空地下室面积计算规则》的通知（京人防发〔2019〕69 号），北京市人民防空办公室，2019 年 6 月 3 日施行

27. 关于印发《北京市人民防空办公室行政规范性文件制定和管理办法》的通知（京人防发〔2019〕71 号），北京市人民防空办公室，2019 年 6 月 3 日施行

28. 关于印发《北京市防空地下室易地建设管理办法》的通知（京人防发〔2019〕79 号），北京市人民防空办公室，2019 年 8 月 1 日施行

29. 关于印发《平时使用人民防空工程批准流程》《人防工程拆除批准流程》《人防工程改造批准流程》《人民防空警报设施拆除批准流程》的通知（京人防发〔2019〕111 号），北京市人民防空办公室，2019 年 9 月 11 日施行

30.《北京市人民防空办公室关于废止部分行政规范性文件的通知》（京人防发〔2019〕151 号），北京市人民防空办公室，2019 年 12 月 23 日施行

31.《关于修改 20 部规范性文件部分条款的通知》（京人防发〔2019〕152 号），北京市人民防空办公室，2019 年 12 月 3 日施行

32.《关于废止部分行政规范性文件的通知》（京人防发〔2020〕9 号），北京市人民防空办公室，2020 年 2 月 18 日施行

33. 关于印发《关于利用地下空间设置智能快件箱的指导意见》的通知（京人防发〔2020〕76 号），北京市人民防空办公室，2020 年 8 月 7 日施行

34. 关于印发《北京市人民防空办公室关于建立人民防空行业市场责任主体守信激励和失信惩戒制度的实施办法（试行）》的通知（京人防发〔2020〕86 号），北京市人民防空办公室，2020 年 11 月 1 日施行

35.《北京市人民防空办公室关于规范结合建设项目新修建的人防工程抗力等级

的通知》（京人防发〔2020〕93号），北京市人民防空办公室，2020年11月30日施行

36.北京市人民防空办公室关于印发《人民防空地下室设计方案规划布局指导性意见》的通知（京人防发〔2020〕105号），北京市人民防空办公室，2021年1月8日施行

37.北京市人民防空办公室关于印发《结合建设项目配建人防工程面积指标计算规则（试行）》的通知（京人防发〔2020〕106号），北京市人民防空办公室，2021年1月15日施行

38.北京市人民防空办公室关于印发《结合建设项目配建人防工程战时功能设置规则（试行）》的通知（京人防发〔2020〕107号），北京市人民防空办公室，2021年1月15日施行

39.北京市人民防空办公室关于印发《北京市人民防空系统行政处罚裁量基准（2021年修订稿）》的通知（京人防发〔2021〕60号），北京市人民防空办公室，2021年6月11日施行

40.北京市人民防空办公室关于印发《北京市人民防空系统行政违法行为分类目录（2021年修订稿）》的通知，北京市人民防空办公室，2021年6月11日施行

41.北京市人民防空办公室关于印发《北京市人防行政处罚规程》的通知（京人防发〔2021〕63号），北京市人民防空办公室，2021年6月16日施行

42.北京市人民防空办公室关于印发《北京市人防行政执法管理办法》的通知（京人防发〔2021〕62号），北京市人民防空办公室，2021年7月15日施行

43.北京市人民防空办公室关于印发《北京市人防行政执法管理办法》的通知（京人防发〔2021〕62号），北京市人民防空办公室，2021年6月16日施行

44.北京市人民防空办公室关于取消人民防空工程设计乙级及监理乙、丙级资质认定的通知（京人防发〔2021〕64号），北京市人民防空办公室，2021年7月2日施行

45.北京市人民防空办公室 北京市住房和城乡建设委员会关于印发《新能源电动汽车充电设施在人防工程内安装使用指引》的通知（京人防发〔2021〕72号），北京市人民防空办公室，2021年8月5日施行

三、技术文件

1.《平战结合人民防空工程设计指南》，中国建筑标准设计研究院有限公司，张瑞龙、袁代光等，2014年5月

2.《北京市人民防空工程平时使用设计要点（试行）》，北京市建筑设计研究院有限公司，2019年3月25日施行

四、施工与验收

1.关于印发《人防工程竣工验收备案管理办法》的通知，北京市民防局，2014年6月21日施行

2.关于印发《北京市人民防空工程质量监督管理规定》的通知（京民防发

〔2015〕90 号），北京市民防局，2015 年 12 月 9 日施行

3. 关于印发《北京市城市基础设施人民防空防护工程建设管理暂行办法》的通知（京人防发〔2018〕22 号），北京市人民防空办公室，2018 年 11 月 29 日施行

4. 关于印发《北京市人民防空工程竣工验收办法》的通知（京人防发〔2019〕4 号），北京市人民防空办公室，2019 年 1 月 21 日施行

5. 关于印发《北京市人民防空工程质量监督管理规定》的通知（京人防发〔2019〕119 号），北京市人民防空办公室，2019 年 10 月 12 日施行

五、产品

1.《关于采用新型人防工程防化及防护设备产品的通知》，北京市民防局，2011 年 6 月 9 日施行

2.《人民防空工程防护设备安装技术规程　第 1 部分：人防门》DB11/T 1078.1—2014，北京市民防局、原总参工程兵第四设计研究院，2014 年 10 月 1 日施行

3.《关于做好北京市人防专用设备生产安装管理工作的意见》（京民防发〔2015〕28 号），2015 年 5 月 1 日实施

4. 关于印发《北京市人防工程防护设备质量检测实施细则》的通知（京民防发〔2015〕57 号），北京市民防局，2015 年 7 月 19 日施行

5. 关于印发《北京市人防工程专用设备销售合同备案管理办法》的通知（京民防发〔2016〕94 号），北京市民防局，2017 年 1 月 11 日施行

6.《关于清理规范人民防空工程竣工验收前人防设备质量检测中介服务事项的通知》（京民防发〔2017〕78 号），北京市民防局，2017 年 8 月 3 日施行

7. 关于转发国家人民防空办公室、国家认证认可监督管理委员会《关于规范人防工程防护设备检测机构资质认定工作的通知》（国人防〔2017〕271 号）的通知（京民防发〔2018〕6 号），北京市民防局，2018 年 2 月 6 日施行

六、造价定额

《关于进一步落实养老和医疗机构减免行政事业性收费有关问题的通知》（京民防发〔2016〕43 号），北京市民防局，2016 年 6 月 15 日印发

七、维护管理

1. 关于印发《实施〈北京市房屋租赁管理若干规定〉细则》的通知（京民防发〔2008〕44 号），北京市民防局，2008 年 3 月 18 日施行

2. 关于修改《北京市人民防空工程和普通地下室安全使用管理办法》的决定（北京市人民政府令第 236 号），北京市人民政府，2011 年 7 月 5 日施行

3.《北京市人民防空工程和普通地下室安全使用管理办法》（北京市人民政府令第 277 号），北京市人民政府办公厅，2018 年 2 月 12 日施行

4. 关于印发《北京市地下空间使用负面清单》的通知（京人防发〔2019〕136 号），北京市人民防空办公室，2019 年 10 月 28 日施行

5. 关于印发《北京市人民防空工程平时使用行政许可办法》的通知（京人防发〔2019〕105 号），北京市人民防空办公室，2019 年 10 月 1 日施行

6. 关于印发《用于居住停车的防空地下室管理办法》的通知（京人防发〔2019〕57 号），北京市人民防空办公室，2019 年 4 月 30 日施行

7.《关于新型冠状病毒感染的肺炎疫情防控期间人防工程使用管理相关工作的通知》（京人防发〔2020〕7 号），北京市人民防空办公室，2020 年 2 月 6 日施行

8. 关于印发《北京市人防空工程内有限空间安全管理规定》的通知（京人防发〔2020〕48 号），北京市人民防空办公室，2020 年 5 月 5 日施行

9. 关于印发《北京市人民防空工程维护管理办法（试行）》的通知（京人防发〔2020〕81 号），北京市人民防空办公室，2020 年 8 月 31 日施行

八、其他

《北京市房屋建筑工程施工图多审合一技术审查要点（试行）》2018 年版

上海市人防工程资料目录
（周锋整理）

1.《上海市民防条例》（公报 2018 年第八号），上海市人民代表大会常务委员会，1999 年 8 月 1 日实施，2018 年 12 月 20 日修订

2.《上海市民防工程建设和使用管理办法》（上海市人民政府令第 30 号），2002 年 12 月 18 日上海市人民政府令第 129 号发布，2018 年 12 月 7 日修正并重新公布

3.《上海市民防工程平战转换若干技术规定》（沪民防〔2012〕32 号），上海市民防办公室，2012 年 6 月 1 日起实施

4.《上海市人民防空地下室施工图技术性专项审查指引（试行）》（沪民防〔2019〕7 号），上海市民防办公室，2019 年 1 月 14 日实施

5.《上海市民防工程维护管理技术规程》（沪民防〔2019〕82 号），上海市民防办公室，2020 年 1 月 1 日起施行

6.《上海市民防工程标识系统技术标准》DB 31MF/Z 002—2022，2022 年 6 月 30 日起施行

7.《上海市工程建设项目民防审批和监督管理规定》（沪民防规〔2020〕3 号），上海市民防办公室，2021 年 1 月 1 日起实施，有效期至 2025 年 12 月 31 日

8.《上海市民防建设工程人防门安装质量和安全管理规定》（沪民防规〔2021〕1 号），上海市民防办公室，2021 年 3 月 8 日起实施，有效期至 2026 年 3 月 7 日

9.《上海市民防工程使用备案管理实施细则》（沪民防规〔2021〕5 号），上海市民防办公室，2021 年 12 月 1 日起实施，有效期至 2026 年 11 月 30 日

10.《上海市城市地下综合管廊兼顾人民防空需要技术要求》DB 31MF/Z 002—2021，2021 年 12 月 1 日起施行

江苏省人防工程资料目录

（朱波、宋华成整理）

1. 省民防局关于《加强人防工程防护设备产品买卖合同管理》的通知（苏防〔2011〕8 号），江苏省民防局，2011 年 2 月 24 日起施行

2. 省民防局关于《采用新型防护设备产品》的通知（苏防〔2012〕32 号），江苏省民防局，2012 年 8 月 1 日施行

3.《江苏省物业管理条例》，江苏省人民代表大会常务委员会，2013 年 5 月 1 日起施行

4. 省民防局关于印发《江苏省民防工程防护设备设施质量检测管理实施细则（试行）》的通知（苏防规〔2013〕2 号），江苏省民防局，2013 年 7 月 11 日起施行

5. 省民防局关于印发《江苏省民防工程防护设备监督管理规定》的通知（苏防规〔2013〕1 号），江苏省民防局，2013 年 9 月 1 日起施行

6. 省民防局关于《统一全省人防工程防护设备标识设置》的通知（苏防〔2015〕28 号），江苏省民防局，2015 年 6 月 3 日起施行

7. 省民防局关于印发《江苏省人民防空工程项目审查办法》的通知（苏防〔2015〕52 号），江苏省民防局，2015 年 9 月 6 日起施行

8.《省政府办公厅关于推动人防工程建设与城市地下空间开发融合发展的意见》（苏政办发〔2016〕72 号），江苏省人民政府办公厅

9.《江苏省政府办公厅关于加强人防工程维护管理工作的意见》（苏政办发〔2016〕111 号），江苏省人民政府办公厅，2016 年 10 月 18 日起施行

10.《关于进一步明确人防工程建设质量监督有关问题的通知》（苏防〔2016〕79 号），江苏省民防局，2016 年 12 月 5 日起施行

11. 省民防局关于印发《江苏省防空地下室建设实施细则（试行）》的通知（苏防规〔2016〕1 号），江苏省民防局，2017 年 1 月 1 日起施行

12.《省民防局关于全面开展人防工程防护设备质量检测工作的通知》（苏防〔2018〕13 号），江苏省民防局，2018 年 2 月 26 日起施行

13.《江苏省城乡规划条例》，江苏省人民代表大会常务委员会，2018 年 3 月 28 日起施行

14.《人民防空食品药品储备供应站设计规范》DB32/T 3399—2018，江苏省质量技术监督局，2018 年 5 月 10 日发布，2018 年 6 月 10 日起实施

15.《江苏省人民防空工程维护管理实施细则》，江苏省人民政府，2018 年 10 月 24 日起施行

16. 关于印发《江苏省人民防空工程标识技术规定》的通知（苏防〔2018〕71 号），江苏省人民防空办公室

17.《江苏省人防工程竣工验收备案管理办法》（苏防〔2018〕81 号），江苏省人民防空办公室，2018 年 12 月 29 日起施行

18. 省人防办关于印发《江苏省人民防空工程建设平战转换技术管理规定》的通知（苏防〔2018〕70号），江苏省人民防空办公室，2019年1月1日起施行

19. 省人防办关于印发《江苏省人防工程建设领域信用管理暂行办法（试行）》的通知（苏防〔2019〕82号），江苏省人民防空办公室，2019年10月20日起施行

20.《江苏省人民防空工程质量监督管理办法》（苏防规〔2019〕1号），江苏省人民防空办公室，2019年10月20日起施行

21.《江苏省防空地下室易地建设审批管理办法》（苏防〔2019〕106号），江苏省人民防空办公室，2019年11月20日发布，2020年1月1日起执行

22.《江苏省人民防空工程建设使用规定》，江苏省人民政府，2020年1月1日起施行

23. 省人防办关于印发《江苏省人民防空工程面积测绘指南（试行）》的通知（苏防〔2020〕58号），江苏省人民防空办公室，2020年11月12日起施行

24. 省人防办关于印发《江苏省人民防空工程监理管理办法》的通知（苏防规〔2021〕1号），江苏省人民防空办公室，2021年5月15日起施行

25. 江苏省实施《中华人民共和国人民防空法》办法，江苏省人民代表大会常务委员会，2021年11月2日起施行

安徽省人防工程资料目录

（王为忠整理）

一、现行规范性文件

1.《安徽省人民政府关于依法加强人民防空工作的意见》（皖政〔2017〕2号），人防办，2017年8月30日起施行

2. 安徽省实施《中华人民共和国人民防空法》办法，1998年8月15日安徽省第九届人民代表大会常务委员会第五次会议通过，1999年10月15日第一次修正，2006年10月21日第二次修正，2020年9月29日修订

3.《安徽省实施〈中华人民共和国人民防空法〉办法》释义

4. 安徽省人防办、省发展改革委、省国土资源厅、省住房和城乡建设厅、省工商监督管理局、省政府金融办、中国人民银行合肥中心支行《关于建立房地产企业使用人防工程信用承诺制度的通知》（皖人防〔2018〕122号），太湖县住房和城乡建设局，2020年11月16日发布

5.《安徽省住房和城乡建设厅、安徽省人民防空办公室关于加强城市地下空间暨人防工程综合利用规划管理》（建规〔2015〕289号），安徽省住房和城乡建设厅，安徽省人民防空办公室，2015年12月10日发布

6.《安徽省民用建筑防空地下室建设审批改革实施意见》（皖人防〔2020〕2号），安徽省人民防空办公室综合处，2020年5月8日发布

7.《安徽省人民防空办公室 安徽省财政厅关于加强人防工程易地建设工作的通

知》（皖人防〔2019〕94号），安徽省人民防空办公室、安徽省财政厅，2019年12月16日发布

8.《安徽省人民防空办公室关于明确防空地下室易地建设面积指标的通知》（皖人防〔2020〕16号），安徽省人民防空办公室，2020年3月12日发布

9.《关于进一步优化施工许可和竣工验收阶段有关事项办理流程的通知》（建市〔2020〕26号），安徽省住房和城乡建设厅、安徽省人防办，2020年4月15日发布

10.《关于进一步规范防空地下室易地建设费减免有关事项的通知》（皖人防〔2020〕60号），安徽省人民防空办公室工程处，2020年7月13日发布

11.安徽省人民防空办公室关于印发《安徽省防空地下室易地建设审批管理办法》的通知（皖人防〔2020〕62号），安徽省人民防空办公室工程处，2020年7月13日发布

12.安徽省人民防空办公室关于印发《安徽省人民防空工程质量监督管理办法》的通知（皖人防〔2020〕63号），安徽省人民防空办公室，2020年12月3日发布

13.《安徽省人防工程质量监督实施细则》（皖人防〔2020〕40号），安徽省人民防空办公室，2020年5月11日发布

14.《关于进一步加强城市住宅小区防空地下室维护管理的通知》（皖人防〔2018〕160号），安徽省人防办、省住房和城乡建设厅，2018年11月12日发布

15.《安徽省人民防空办公室关于人防工程平战功能转换要求的通知》（皖人防〔2016〕131号），安徽省人民防空办公室，2017年1月1日发布

16.《安徽省人民防空办公室关于印发〈安徽省人民防空工程标识技术规定〉的通知》（皖人防〔2020〕66号），安徽省人民防空办公室，2016年9月23日发布

17.《安徽省人民防空办公室关于进一步明确人防工程专用设备和生产安装企业资质要求的通知》（皖人防〔2019〕5号），安徽省人民防空办公室，2019年1月14日发布

18.《安徽省人民防空办公室关于省外人防从业企业入皖备案实行告知承诺制管理有关事项的通知》（皖人防综〔2019〕22号），安徽省人民防空办公室，2018年11月12日发布

19.《安徽省人民防空办公室关于印发〈安徽省人防工程防护质量检测管理办法〉的通知》（皖人防〔2020〕72号），安徽省人民防空办公室，2020年9月4日发布

20.《安徽省人民防空办公室关于规范人防工程防护设备检测合格证发放的通知》（皖人防综〔2018〕87号），安徽省人民防空办公室，2018年11月12日发布

21.《安徽省人民防空办公室 安徽省财政厅关于加强人防工程易地建设工作的通知》（皖人防〔2019〕38号），滁州市人民防空办公室，2019年5月22日发布

22.《安徽省人民防空办公室关于优化人防工程防护防化设备市场营造公平竞争市场环境的指导意见》（皖人防〔2020〕73号），安徽省人民防空办公室，2020年9月14日发布

23.安徽省人民防空办公室关于颁布实施《安徽省人防工程费用定额》的通知（皖

人防〔2020〕74号），安徽省人民防空办公室，2020年9月4日发布

24.安徽省人民防空办公室关于印发《审批建设防空地下室有关问题的指导意见（试行）》的通知（皖人防〔2021〕32号），安徽省人民防空办公室综合处，2021年8月27日发布

25.关于印发《安徽省人防工程建设企业从业信用状况分类管理办法（试行）》的通知（皖人防〔2022〕13号），安徽省人民防空办公室法规宣传处，2022年6月24日发布

26.安徽省人民防空办公室关于印发《安徽省人防工程建设企业从业信用状况分类评分规则》的通知（皖人防〔2022〕14号），安徽省安庆市人防办，2022年6月28日发布

二、废止的规范性文件

1.《安徽省人民防空办公室关于实行人防工程设计及施工图审查单位资质备案管理的通知》（皖人防办〔2012〕18号），废止时间2020年5月12日

2.《安徽省人民防空关于办公室关于进一步加强人防工程设计及施工图审查管理工作的通知》（皖人防办〔2012〕61号），废止时间2020年5月12日

3.《安徽省人民防空办公室关于印发人防示范工程建设基本要求的通知》（皖人防办〔2012〕53号），废止时间2020年5月12日

4.《安徽省人民防空办公室关于广德县人防工程质量监督工作实行代管的通知》（皖人防办〔2012〕73号），废止时间2020年5月12日

5.《安徽省人民防空办公室关于宿松县人防工程质量监督工作实行代管的通知》（皖人防办〔2012〕74号），废止时间2020年5月12日

6.《安徽省人民防空办公室关于开展人防工程乙级监理资质申报工作的通知》（皖人防办〔2012〕111号），废止时间2020年5月12日；执行《安徽省人民防空办公室关于印发"证照分离"改革事项优化审批和强化监管具体措施的通知》（皖人防综〔2018〕88号），安徽省人民防空办公室，2018年11月19日发布

7.安徽省人民防空办公室关于印发《安徽省人民防空工程建设监理管理暂行规定》的通知（皖人防办〔2012〕122号），废止时间2020年5月12日；国家人民防空办公室关于印发《人防工程监理行政许可资质管理办法》的通知（国人防〔2013〕227号）文件，国家人民防空办公室，2013年3月15日发布

8.安徽省人民防空办公室关于认真执行《安徽省人民防空工程建设监理管理暂行规定》的通知（皖人防〔2013〕37号），废止时间2020年5月12日；执行国家人防办《人防工程监理行政许可资质管理办法》（国人防〔2013〕227号），国家人民防空办公室，2013年3月15日发布

9.《安徽省人民防空办公室关于开展人防工程监理乙级资质申报工作的通知》（皖人防〔2013〕59号），废止时间2020年5月12日；执行《安徽省人民防空办公室关于印发"证照分离"改革事项优化审批和强化监管具体措施的通知》（皖人防综〔2018〕88号），安徽省人民防空办公室，2018年11月19日发布

10.《安徽省人民防空办公室关于申报乙级及以下人防工程监理资质等级人员条件和丙级资质业务范围通知》(皖人防〔2013〕88号),废止时间2020年5月12日;执行国家人民防空办公室《人防工程监理行政许可资质管理办法》(国人防〔2013〕227号),国家人民防空办公室,2013年3月15日发布

11.《安徽省人民防空办公室关于开展省内人防工程专业设计乙级资质认定工作的通知》(皖人防〔2013〕137号),废止时间2020年5月12日;执行《安徽省人民防空办公室关于印发"证照分离"改革事项优化审批和强化监管具体措施的通知》(皖人防综〔2018〕88号),安徽省人民防空办公室,2018年11月19日发布

12.《安徽省人民防空办公室关于发布人防工程防护设备产品检测信息价的通知》(皖人防〔2014〕5号),废止时间2020年5月12日

13.《安徽省人民防空办公室关于省外甲级人防工程监理设计单位备案有关事项的通知》(皖人防〔2015〕127号),废止时间2020年5月12日;执行《安徽省人民防空办公室关于省外人防从业企业入皖备案实行告知承诺制管理有关事项的通知》(皖人防综〔2019〕22号),安徽省人民防空办公室,2019年5月29日发布

14.《安徽省人民防空办公室关于减违规增设的人防工程监理乙级资质专家评审特别程序的通知》(皖人防〔2016〕9号),废止时间2020年5月12日

15.《安徽省人民防空办公室关于进一步规范人防工程防护(化)设备信息价发布和使用工作的通知》(皖人防〔2016〕50号),废止时间2020年5月12日,自2018年7月份开始,安徽省人防办不再发布防护防化设备价格信息

16.《安徽省人民防空办公室关于明确外省甲级人防工程设计单位备案专业人员配置数量的批复》(皖人防〔2016〕73号),废止时间2020年5月12日

17.《安徽省人民防空办公室关于统一印制使用人防工程施工图审查合格书的通知》(皖人防〔2016〕74号),废止时间2020年5月12日;执行省住房城乡建设厅省人防办《关于进一步优化施工许可和竣工验收阶段有关事项办理流程的通知》(建市〔2020〕26号),安徽省住房和城乡建设厅、安徽省人民防空办公室,2020年4月15日发布

18.《安徽省人民防空办公室防空地下室易地建设费减免备案办理制度》(皖人防秘〔2016〕15号),废止时间2020年5月12日;执行省人防办《关于规范易地建设费减免备案程序的通知》(皖人防综〔2018〕86号),2018年5月18日发布

19.《安徽省人民防空办公室关于实行防空地下室易地建设费减免备案制度的通知》(皖人防〔2016〕43号),废止时间2020年5月12日;执行省人防办《关于规范易地建设费减免备案程序的通知》(皖人防综〔2018〕86号),2018年5月18日发布

20.《安徽省人民防空办公室 安徽省发展和改革委员会关于人防工程防护设备采购项目纳入公共资源交易平台进行交易的通知》(皖人防〔2017〕151号),废止时间2020年5月25日;执行《必须招标的工程项目规定》(中华人民共和国国家发展和改革委员会令第16号),2018年3月27日发布

21.《安徽省人民防空办公室关于依法加强人防工程防护设备市场监管的实施意见》（皖人防〔2017〕56号），废止时间2020年9月4日

22.《安徽省人民防空办公室关于依法进一步严格开展人防工程防护设备市场监管工作的通知》（皖人防〔2017〕140号），废止时间2020年9月4日

23.《安徽省人民防空办公室关于依法进一步加强人防工程防化设备市场和质量监管的通知》（皖人防〔2017〕143号），废止时间2020年9月4日

24.《安徽省人民防空办公室关于实行人防工程建设不良行为信息报告和公告制度的通知》（皖人防〔2014〕132号），废止时间2022年6月15日；执行《安徽省人防工程建设企业从业信用状况分类管理办法（试行）》的通知（皖人防〔2022〕13号），安徽省人民防空办公室、安徽省发展和改革委员会、安徽省住房和城乡建设厅、安徽省市场监督管理局，2022年6月2日发布，《安徽省人防工程建设企业从业信用状况分类评分规则》的通知（皖人防〔2022〕14号），安徽省人民防空办公室，2022年6月10日发布

25.《安徽省人民防空办公室关于印发〈人防工程防护防化设备市场信用行为监管细则〉》的通知（皖人防〔2020〕61号），废止时间2022年6月15日；执行《安徽省人防工程建设企业从业信用状况分类管理办法（试行）》的通知（皖人防〔2022〕13号），安徽省人民防空办公室、安徽省发展和改革委员会、安徽省住房和城乡建设厅、安徽省市场监督管理局，2022年6月2日发布，《安徽省人防工程建设企业从业信用状况分类评分规则》的通知（皖人防〔2022〕14号），安徽省人民防空办公室，2022年6月10日发布

26.安徽省人民防空办公室《关于印发安徽省人防工程建设"黑名单"管理暂行办法的通知》（皖人防〔2016〕76号），废止时间2022年6月15日；执行《安徽省人防工程建设企业从业信用状况分类管理办法（试行）》的通知（皖人防〔2022〕13号），安徽省人民防空办公室、安徽省发展和改革委员会、安徽省住房和城乡建设厅、安徽省市场监督管理局，2022年6月2日发布，《安徽省人防工程建设企业从业信用状况分类评分规则》的通知（皖人防〔2022〕14号），安徽省人民防空办公室，2022年6月10日发布

河北省人防工程资料目录

（孙树鹏整理）

1.关于印发《人防工程防护设备安装技术要求》的通知（冀人防工字〔2016〕35号），河北省人民防空办公室，2016年12月21日印发

2.《人民防空工程建筑面积计算规范》DB13（J）/T 222—2017，河北省住房和城乡建设厅、河北省人民防空办公室，2017年5月1日实施

3.《人民防空工程防护质量检测技术规程》DB13（J）/T 223—2017，河北省住房和城乡建设厅、河北省人民防空办公室，2017年5月1日实施

4.《人民防空工程兼作地震应急避难场所技术标准》DB13（J）/T 111—2017，河北省住房和城乡建设厅、河北省人民防空办公室，2018 年 3 月 1 日实施

5.《城市地下空间暨人民防空工程综合利用规划编制导则》DB13（J）/T 278—2018，河北省住房和城乡建设厅、河北省人民防空办公室，2019 年 2 月 1 日实施

6.《城市地下空间兼顾人民防空要求设计标准》DB13（J）/T 279—2018，河北省住房和城乡建设厅、河北省人民防空办公室，2019 年 2 月 1 日实施

7.《城市综合管廊工程人民防空设计导则》DB13（J）/T 280—2018，河北省住房和城乡建设厅、河北省人民防空办公室，2019 年 2 月 1 日实施

8.《人民防空工程平战功能转换设计标准》DB13（J）/T 8393—2020，河北省住房和城乡建设厅、河北省人民防空办公室，2021 年 4 月 1 日实施

9.《综合管廊孔口人防防护设备选用图集》DBJT 02—187—2020，河北省住房和城乡建设厅、河北省人民防空办公室，2021 年 4 月 1 日实施

山西省人防工程资料目录
（靳翔宇整理）

1.《山西省实施〈中华人民共和国人民防空法〉办法》，1998 年 11 月 30 日山西省第九届人民代表大会常务委员会第六次会议通过，1999 年 1 月 1 日起施行

2.《山西省人民防空工程维护管理办法》（山西省人民政府令第 198 号），自 2007 年 3 月 1 日起施行

3. 山西省人民政府办公厅转发省财政厅等部门《山西省防空地下室易地建设费收缴使用和管理办法》的通知（晋政办发〔2008〕61 号），2008 年 7 月 1 日施行

4.《山西省人民防空办公室关于深化行政审批制度改革加强事中事后监管的意见》（晋人防办字〔2016〕23 号），山西省人民防空办公室

5.《中共山西省委山西省人民政府关于开发区改革创新发展的若干意见》（晋政办发〔2016〕50 号），山西省人民政府办公厅，2016 年 4 月 26 日发布

6.《关于加强防空地下室建设服务监管的通知》，山西省人民防空办公室，2017 年 6 月 10 日发布

7.《关于印发企业投资项目承诺制改革试点防空地下室建设流程、事项准入清单及配套制度的通知》（晋人防办字〔2018〕19 号），山西省人民防空办公室

8.《关于进一步加强和规范建设项目人民防空审查管理的通知》（晋人防办字〔2018〕71 号），山西省人民防空办公室

9.《山西省人民防空工程建设条例》，2018 年 9 月 30 日山西省第十三届人民代表大会常务委员会第五次会议通过

10.《山西省人民政府办公厅关于转发省人防办等部门山西省防空地下室易地建设费收缴使用和管理办法的通知》（晋政办发〔2021〕82 号），山西省人民政府办公厅，自 2021 年 10 月 7 日起施行

河南省人防工程资料目录

（杨向华整理）

一、政策法规

1.《关于规范人防工程建设有关问题的通知》（豫防办〔2009〕100号），河南省人民防空办公室、河南省发展改革委员会、河南省监察厅、河南省财政厅、河南省住房和城乡建设厅，2009年7月1日实施

2.《关于印发河南省防空地下室面积计算规则的通知》（豫人防〔2017〕142号），河南省人民防空办公室，2018年1月9日发布实施

3.《关于调整城市新建民用建筑配建人防工程面积标准（试行）的通知》（豫人防〔2019〕80号），河南省人民防空办公室，2020年1月1日实施

4.《河南省住房和城乡建设厅河南省人民防空办公室关于印发〈河南省城市地下空间暨人防工程综合利用规划编制导则〉〈河南省城市地下综合管廊工程人民防空设计导则〉》（豫建城建〔2020〕384号），河南省住房和城乡建设厅、河南省人民防空办公室，2020年2月26日发布实施

5.《河南省住房和城乡建设厅河南省人民防空办公室关于印发〈河南省城市地下空间暨人防工程综合利用规划编制导则〉〈河南省城市地下综合管廊工程人民防空设计导则〉》（豫建城建〔2020〕384号），河南省住房和城乡建设厅、河南省人民防空办公室，2020年2月26日发布实施

6.《河南省人民防空工程审批管理办法》（豫人防〔2021〕27号），河南省人民防空办公室，2021年3月26日发布

7.《河南省人民防空工程平战转换技术规定》（豫人防〔2021〕70号），河南省人民防空办公室，2021年11月1日实施

二、施工与验收

1.《关于印发河南省人民防空工程质量监督实施细则的通知》（豫人防〔2017〕143号），河南省人民防空办公室，2018年1月9日发布实施

2.《河南省人民防空工程竣工验收备案管理办法》（豫人防〔2019〕75号），河南省人民防空办公室，2019年12月1日实施

3.《河南省人民防空工程监理工作规程（试行）》（豫人防〔2019〕83号），河南省人民防空办公室，2020年1月17日发布

4.《全省人防工程质量监督"随报随检随批，一次办妥"规定》（豫人防工〔2020〕5号），河南省人民防空办公室，2020年2月26日发布

三、产品

1.《关于人防工程防护设备生产标准有关问题的通知》（豫防办〔2009〕201号），河南省人民防空办公室，2009年12月8日发布

2.《关于规范全省人防工程防护设备检测机构资质认定工作的通知》（豫人防〔2018〕49号），河南省人民防空办公室、河南省质量技术监督局，2018年5月16

日发布执行《RFP 型过滤吸收器制造和验收规范（暂行）》有关事项的通知（豫人防〔2021〕9 号），河南省人民防空办公室，2021 年 8 月 30 日发布

四、造价定额

《河南省人民防空办公室关于建筑业实施"营改增"后河南省人防工程计价依据调整的通知》（豫人防〔2016〕127 号），河南省人民防空办公室，2016 年 10 月 29 日发布

五、维护管理

《河南省人民防空工程标识管理办法》的通知（豫人防〔2017〕38 号），河南省人民防空办公室，2017 年 5 月 25 日发布

六、其他

1.《关于明确依法征收人防易地建设费有关问题的通知》（豫防办〔2010〕93 号），河南省人民防空办公室，2010 年 6 月 25 日发布

2.《关于公布人防规范性文件清理结果的通知》（豫人防〔2017〕145 号），河南省人民防空办公室，2017 年 12 月 27 日发布

3.《关于印发河南省人民防空工程审批管理暂行办法的通知》（豫人防〔2017〕139 号），河南省人民防空办公室，2018 年 1 月 8 日发布实施

4.《关于印发河南省人民防空工程建设质量管理暂行办法的通知》（豫人防〔2017〕140 号），河南省人民防空办公室，2018 年 1 月 9 日发布实施

5.《河南省人民防空办公室关于印发河南省人防工程审批制度改革实施意见的通知》（豫人防〔2019〕54 号），河南省人民防空办公室，2019 年 9 月 4 日发布

6.《河南省人民防空办公室行政许可事项工作程序规范》（豫人防〔2019〕86 号），河南省人民防空办公室，2020 年 1 月 8 日发布

7.《河南省人民防空工程施工图设计文件审查要点（试行）》（豫人防〔2021〕15 号），河南省人民防空办公室、河南省住房和城乡建设厅，2021 年 3 月 1 日实施

内蒙古自治区人防工程资料目录

（任青春整理）

1.《内蒙古自治区人民防空工程建设造价管理办法》，内蒙古自治区人民防空办公室，2007 年 10 月 13 日发布

2.《内蒙古自治区人民防空工程建设管理规定》，内蒙古自治区人民政府，2013 年 1 月 17 日发布

3.《内蒙古自治区人民防空办公室关于印发人防工程建设管理相关配套文件的通知》——《内蒙古自治区人民防空工程建设质量监督管理办法》（内人防发〔2013〕16 号），内蒙古自治区人民防空办公室，2013 年 5 月 17 日发布

4.《内蒙古自治区人民防空办公室关于印发人防工程建设管理相关配套文件的通知》——《内蒙古自治区防空地下室建设程序管理办法》（内人防发〔2013〕16 号），

内蒙古自治区人民防空办公室，2013 年 5 月 17 日发布

5.《内蒙古自治区人民防空办公室关于印发人防工程建设管理相关配套文件的通知》——《内蒙古自治区人民防空工程施工图设计文件审查管理办法》（内人防发〔2013〕16 号），内蒙古自治区人民防空办公室，2013 年 5 月 17 日发布

6.《关于规范人防工程防护设备检测》（内人发字〔2018〕11 号），内蒙古自治区人民防空办公室，2018 年 11 月 1 日发布

广西壮族自治区人防工程资料目录
（钟发清整理）

1.《广西壮族自治区防空地下室易地建设费收费管理规定》（桂价费字〔2003〕462 号），广西壮族自治区人民防空办公室等，2004 年 4 月 1 日实施

2. 关于颁布实施《拆除人民防空工程审批行政许可办法》《新建民用建设项目审批批准行政许可办法》的通知（桂人防办字〔2006〕23 号），2006 年 3 月 3 日实施

3. 关于《进一步加快全区人民防空工程平战转换应急准备工作》的通知，广西壮族自治区人民防空办公室等，2007 年 12 月 29 日实施

4.《广西壮族自治区人民防空工程建设与维护管理办法》（广西壮族自治区人民政府令第 86 号），2013 年 4 月 1 日实施

5. 2013 年《人民防空工程预算定额》定额人工费、定额材料费、定额机械费调整系数，广西壮族自治区人民防空办公室，2018 年 7 月 23 日实施

6. 南宁市《应建防空地下室的新建民用建筑项目审批》（一次性告知），南宁市行政审批局、南宁市财政局，2018 年 8 月 1 日实施

7.《广西壮族自治区结合民用建筑修建防空地下室面积计算规则（试行）》（桂防通〔2019〕38 号），广西壮族自治区人民防空和边海防办公室等，2019 年 4 月 30 日实施

8.《关于规范防空地下室建设 优化营商环境 助推产业发展的实施意见》（桂防规〔2020〕1 号），广西壮族自治区人民防空和边海防办公室，2020 年 1 月 15 日实施

9.《广西壮族自治区结合民用建筑修建防空地下室审批管理办法（试行）》（桂防规〔2020〕2 号），广西壮族自治区人民防空和边海防办公室，2020 年 4 月 3 日施行

10. 广西壮族自治区人民防空和边海防办公室关于印发《广西壮族自治区人防工程建设程序管理办法（试行）》的通知（桂防通〔2020〕35 号），广西壮族自治区人民防空和边海防办公室，2020 年 4 月 8 日实施

11. 关于印发《广西壮族自治区人民防空工程设计资质管理实施细则（试行）》的通知（桂防规〔2020〕4 号），广西壮族自治区人民防空和边海防办公室，2020 年 4 月 30 日实施

12. 关于印发《广西壮族自治区人民防空工程质量监督管理实施细则（试行）》的通知（桂防规〔2020〕6 号），广西壮族自治区人民防空和边海防办公室，2020 年 4 月 23 日施行

13.《广西壮族自治区人防工程防护（防化）设备质量管理实施细则（试行）》的通知（桂防规〔2020〕7 号），广西壮族自治区人民防空和边海防办公室，2020 年 4 月 23 日实施

重庆市人防工程资料目录
（张旭整理）

1.《重庆市人民防空条例》，1998 年 12 月 26 日重庆市第一届人民代表大会常务委员会第十三次会议通过，2005 年 7 月 29 日重庆市第二届人民代表大会常务委员会第十八次会议第一次修正，2010 年 7 月 23 日重庆市第三届人民代表大会常务委员会第十八次会议第二次修正

2.《关于新建人防工程增配部分通风设备设施减少平战转换量的通知》（渝防办发〔2018〕162 号），重庆市人民防空办公室，2018 年 10 月 18 日发布实施

3.《重庆市城市综合管廊人民防空设计导则》，重庆市人民防空办公室、重庆市住房和城乡建设委员会，2019 年 4 月 1 日发布实施

4.《关于结合民用建筑修建防空地下室简化面积计算及局部调整分类区域范围的通知》（渝防办发〔2019〕126 号），重庆市人民防空办公室，2020 年 1 月 1 日发布实施

辽宁省人防工程资料目录
（刘健新整理）

1.《大连市人民防空管理规定》，2010 年 12 月 1 日市政府令第 112 号修改，大连市人民政府，2002 年 10 月 1 日实施

2.《沈阳市民防管理规定（2003 年）》（沈阳市人民政府令第 28 号），沈阳市人民政府，2004 年 2 月 1 日实施

3.《辽宁省人民防空工程建设监理实施细则》（辽人防发〔2009〕3 号），辽宁省人民防空办公室，2009 年 4 月 1 日实施

4.《辽宁省人民防空工程防护、防化设备管理实施细则》（辽人防发〔2010〕11 号），辽宁省人民防空办公室，2010 年 3 月 30 日实施

5.《人民防空工程标识》DB21/T 3199—2019，辽宁省市场监督管理局，2020 年 1 月 20 日实施

6.《沈阳市人防工程国有资产管理规定》（沈人防发〔2020〕10 号），沈阳市人

民防空办公室，2020 年 7 月 2 日实施

7.《关于人防工程设计企业从业资质有关事项的通知》（辽人防发〔2021〕1 号），辽宁省人民防空办公室，2021 年 10 月 29 日实施

浙江省人防工程资料目录
（张芝霞整理）

一、设计

（一）标准规范

1.《控制性详细规划人民防空设施配置标准》DB33/T 1079—2018

2.《建筑工程建筑面积计算和竣工综合测量技术规程》DB33/T 1152—2018

3.《早期坑道地道式人防工程结构安全性评估规程》DB33/T 1172—2019

4.《人民防空疏散基地标志设置技术规程》DB33/T 1173—2019

5.《人民防空固定式警报设施建设管理规范》DB33/T 2207—2019

6.《人民防空专业队工程设计规范》DB33/T 1227—2020

7.《人防门安装技术规程》DB33/T 1231—2020

8.《人民防空工程维护管理规范》DB3301/T 0344—2021

（二）政策法规

1. 浙江省人民防空办公室（民防局）关于学习贯彻《浙江省人民政府关于加快城市地下空间开发利用的若干意见》的通知（浙人防办〔2011〕35 号）

2.《浙江省人民防空办公室关于统一全省人防工程标识设置的通知》（浙人防办〔2012〕73 号），浙江省人民防空办公室，2012 年 6 月 8 日颁布

3.《浙江省人民防空办公室等关于加强地下空间开发利用工程兼顾人防需要建设管理的通知》（浙人防办〔2012〕81 号），浙江省人民防空办公室，2013 年 4 月 19 日颁布

4. 浙江省人民防空办公室关于印发《浙江省人民防空工程防护功能平战转换管理规定（试行）》的通知（浙人防办〔2022〕6 号），浙江省人民防空办公室，2022 年 5 月 1 日起试行

5.《浙江省防空地下室管理办法》（浙江省人民政府令第 344 号），浙江省人民政府第 63 次常务会议审议，2016 年 6 月 1 日起施行

6.《关于防空地下室结建标准适用的通知》（浙人防办〔2018〕46 号），浙江省人民防空办公室，2018 年 11 月 29 日颁布

7.《关于要求明确重点镇人防结建政策适用标准的请示》（浙人防办〔2019〕6 号），浙江省人民防空办公室，2019 年 1 月 31 日颁布

8. 关于印发《结合民用建筑修建防空地下室审批工作指导意见》的通知（浙人防办〔2019〕23 号），浙江省人民防空办公室，2019 年 12 月 30 日颁布

9. 浙江省人民防空办公室关于印发《浙江省结合民用建筑修建防空地下室审

批管理规定（试行）》的通知（浙人防办〔2020〕31号），浙江省人民防空办公室，2020年12月21日颁布

10.《浙江省实施〈中华人民共和国人民防空法〉办法》（第四次修订），浙江省第十三届人民代表大会常务委员会第二十五次会议通过，2020年11月27日起执行

（三）技术文件

1.《单建掘开式地下空间开发利用工程兼顾人防需要设计导则（试行）》，浙江省住房和城乡建设厅，浙江省人民防空办公室，2011年11月发布

2.《浙江省城市地下综合管廊工程兼顾人防需要设计导则》，浙江省住房和城乡建设厅，浙江省人民防空办公室，2017年9月发布

3.《浙江省人民防空专项规划编制导则（试行）》（浙人防办〔2020〕11号），浙江省人民防空办公室，2020年4月30日实施

4.《规划管理单元控制性详细规划（人防专篇）》示范文本，浙江省人民防空办公室，2020年6月23日实施

5.《浙江省人防疏散基地（地域）建设标准（征求意见稿）》，浙江省人民防空办公室，2020年7月8日发布

6.《浙江省人防疏散基地（地域）管理规定（征求意见稿）》，浙江省人民防空办公室，2020年7月8日发布

7.《浙江省防空地下室维护管理操作规程（试行）》，浙江省人民防空办公室，2020年7月20日发布

8.《防空地下室维护管理操作手册》，浙江省人民防空办公室，2020年7月20日发布

二、施工与验收

1.关于印发《浙江省人民防空工程竣工验收备案管理办法》的通知（浙人防办〔2009〕61号），浙江省人民防空办公室，2009年8月7日发布

2.关于印发《浙江省人民防空工程质量监督管理办法》的通知（浙人防办〔2017〕4号），浙江省人民防空办公室，2017年1月20日发布

三、产品

1.《关于人防工程防护设备产品实施公开招标的通知》（浙人防办〔2012〕51号），浙江省人民防空办公室，2012年3月21日发布

2.关于印发《浙江省人民防空工程防护设备质量检测管理实施办法》的通知（浙人防办〔2013〕39号），浙江省人民防空办公室，2013年8月15日发布

3.关于印发《浙江省人防工程和其他人防防护设施监理管理办法》的通知（浙人防办〔2014〕4号），浙江省人民防空办公室，2014年1月20日发布

4.关于印发《浙江省人民防空工程防护设备质量检测管理细则（试行）》的通知（浙人防办〔2015〕9号），浙江省人民防空办公室，2015年2月11日发布

5.关于征求《浙江省人防行业信用监督管理办法（试行）》意见与建议的公告，浙江

省人民防空办公室，2020 年 8 月 10 日发布

四、造价定额

关于印发《浙江省人防建设项目竣工决算审计管理办法》的通知，浙江省人民防空办公室，2017 年 4 月 26 日发布

五、维护管理

1. 关于下发《浙江省人防工程使用和维护管理责任书（试行）》示范文本的通知，浙江省人民防空办公室，2016 年 9 月 29 日发布

2.《浙江省人民防空办公室关于人民防空工程平时使用和维护管理登记有关事项的批复》（浙人防函〔2016〕65 号），浙江省人民防空办公室，2016 年 12 月 30 日颁布

六、其他

1. 关于印发《疏散（避难）基地建设试行意见》的通知（浙民防〔2005〕7 号），浙江省人民防空办公室，2005 年 9 月 30 日颁布

2. 关于印发《浙江省人民防空工程防护功能平战转换技术措施》的通知（浙人防办〔2005〕162 号），浙江省人民防空办公室，2005 年 12 月 14 日颁布

3.《浙江省民防局关于人口疏散场所建设的意见（试行）》（浙民防〔2008〕12 号），浙江省人民防空办公室，2008 年 10 月 20 日颁布

4. 关于印发《浙江省民防应急疏散场所标志》的通知（浙民防〔2008〕16 号），浙江省人民防空办公室，2008 年 12 月 4 日发布

5. 关于印发《浙江省城镇人民防空专项规划编制管理办法》的通知（浙人防办〔2009〕50 号），浙江省人民防空办公室，2009 年 6 月 17 日发布

6.《浙江省民防局浙江省民政厅关于进一步推进应急避灾疏散场所建设的意见》（浙民防〔2010〕4 号），浙江省人民防空办公室，2010 年 5 月 21 日发布

7.《浙江省人民防空办公室关于大力推进人防建设与城市地下空间开发利用融合发展的意见》（浙人防办〔2012〕85 号），浙江省人民防空办公室，2012 年 8 月 3 日起实施

8.《关于地下空间开发利用兼顾人防需要与结建人防相关事宜的批复》，浙江省人民防空办公室，2014 年 5 月 4 日发布

9.《浙江省物价局、浙江省财政厅、浙江省人民防空办公室防空办公室关于规范和调整人防工程易地建设费的通知》（浙价费〔2016〕211 号），浙江省物价局、浙江省财政厅、浙江省人民防空办公室，2017 年 1 月 1 日起实施

10.《关于进一步推进人民防空规划融入城市规划的实施意见》（浙人防办〔2017〕42 号），浙江省人民防空办公室，2017 年 9 月 29 日起实施

11.《关于防空地下室结建标准适用的通知》（浙人防办〔2018〕46 号），浙江省人民防空办公室，2019 年 1 月 1 日起实施

12.《浙江省人民防空办公室关于公布行政规范性文件清理结果的通知》（浙人防办〔2020〕15 号），浙江省人民防空办公室，2020 年 6 月 4 日发布

山东省人防工程资料目录

（张春光整理）

一、设计

（一）标准规范

《人民防空工程平战转换技术规范》DB37/T 3470—2018，山东省人民防空办公室、山东省市场监督管理局，2019 年 1 月 29 日起实施

（二）政策法规

1.《山东省人民防空工程建设领域企业信用"红黑名单"管理办法》（鲁防发〔2018〕8 号），山东省人民防空办公室，2018 年 11 月 1 日起施行

2.《〈人防工程和其他人防防护设施设计乙级资质行政许可〉告知承诺办法》（鲁防发〔2018〕12 号）山东省人民防空办公室，2019 年 1 月 1 日起施行

3.《关于规范新建人防工程冠名的通知》（鲁防发〔2019〕5 号），山东省人民防空办公室，2019 年 2 月 1 日起实施

4.《关于规范人民防空工程设计参数和技术要求的通知》（鲁防发〔2019〕7 号），山东省人民防空办公室，2019 年 6 月 16 日起实施

5.《山东省人民防空工程管理办法》（省政府令第 332 号），山东省政府，2020 年 3 月 1 日起施行

（三）技术文件

《山东省防空地下室工程面积计算规则》（鲁防发〔2020〕5 号），山东省人民防空办公室，2021 年 1 月 3 日起实施

二、施工与验收

1.《关于加强人防工程防化设备生产安装管理的通知》（鲁防发〔2017〕3 号），山东省人民防空办公室，2017 年 7 月 1 日起实施

2.《山东省人民防空工程和其他人防防护设施建设监理实施细则》（鲁防发〔2017〕13 号），山东省人民防空办公室，2017 年 12 月 1 日起施行

3.《山东省人民防空工程质量监督档案管理办法》（鲁防发〔2017〕15 号），山东省人民防空办公室，2017 年 12 月 1 日起施行

4.《关于规范防空地下室制式标牌的通知》（鲁防发〔2017〕10 号），山东省人民防空办公室，2018 年 1 月 1 日起实施

5.《山东省人民防空工程质量监督管理办法》（鲁防发〔2018〕9 号），山东省人民防空办公室，2018 年 12 月 16 日起施行

6.《〈人防工程和其他人防防护设施监理乙级资质行政许可〉告知承诺办法》（鲁防发〔2018〕11 号），山东省人民防空办公室，2019 年 1 月 1 日起施行

7.《〈人防工程和其他人防防护设施监理丙级资质行政许可〉告知承诺办法》（鲁防发〔2018〕13 号），山东省人民防空办公室，2019 年 1 月 1 日起施行

8.《山东省单建人防工程施工安全监督管理办法》（鲁防发〔2020〕2号），山东省人民防空办公室，自2015年11月15日起施行

9.《山东省人民防空工程竣工验收备案管理办法》（鲁防发〔2020〕7号），山东省人民防空办公室，2021年2月1日起实施

10. 关于规范《人防工程开工报告》有关问题的通知（鲁防发〔2020〕8号），山东省人民防空办公室，2021年2月1日起实施

三、造价定额

1.《山东省人防工程费用项目组成及计算规则（2020）》（鲁防发〔2020〕3号），山东省人民防空办公室，2020年12月1日起施行

2.《山东省人民防空工程建设造价管理办法》（鲁防发〔2020〕4号），山东省人民防空办公室，2020年12月1日起施行

四、维护管理

1.《山东省人民防空工程维护管理办法》（鲁防发〔2017〕5号），山东省人民防空办公室，2017年9月1日起施行

2.《山东省人民防空工程质量监督档案管理办法》（鲁防发〔2017〕15号），山东省人民防空办公室，2017年12月1日起施行

3.《关于实行制式人防工程平时使用证管理有关问题的通知》（鲁防发〔2017〕16号），山东省人民防空办公室，2017年12月1日起施行

4.《山东省人民防空工程建设档案管理规定》（鲁防发〔2020〕6号），山东省人民防空办公室，2019年2月1日起施行

5.《山东省人民防空办公室关于加强重要经济目标防护管理的意见》（鲁防发〔2021〕1号），山东省人民防空办公室，2021年2月1日起施行

6.《山东省单建人民防空工程安全生产事故隐患排查治理办法》（鲁防发〔2019〕2号），山东省人民防空办公室，2021年2月1日起施行

五、其他

1.《关于规范单建人防工程审批事项的通知》（鲁防发〔2017〕11号），山东省人民防空办公室，2017年12月1日起实施

2.《关于规范人民防空行政许可事项报送的通知》（鲁防发〔2017〕14号），山东省人民防空办公室，2017年12月1日起实施

3.《关于调整人民防空建设项目审批权限的通知》（鲁防发〔2018〕3号），山东省人民防空办公室，2018年5月1日起实施

4.《关于规范人民防空其他权力事项报送的通知》（鲁防发〔2018〕4号），山东省人民防空办公室，2018年5月1日起实施

5.《关于进一步加强学校防空防灾知识教育工作的意见》（鲁防发〔2018〕7号），山东省人民防空办公室，2018年7月1日起实施

6.《山东省人民防空行政处罚裁量基准》（鲁防发〔2018〕10号），山东省人民防空办公室，2019年1月1日起实施

7.《关于规范防空地下室易地建设审批条件的意见》（鲁防发〔2019〕4号），山东省人民防空办公室，2019年2月1日起实施

8.《关于人防工程设计、监理企业发生重组、合并、分立等情况资质核定有关问题的通知》（鲁防发〔2019〕8号），山东省人民防空办公室，2019年10月11日起实施

9.《关于加强人民防空教育工作的通知》（鲁防发〔2019〕9号），山东省人民防空办公室，2020年1月19日起实施

10.《关于在青少年校外活动场所增加防空防灾技能训练内容的通知》（鲁防发〔2019〕10号），山东省人民防空办公室，2020年1月19日起实施

六、济南市人防工程资料

1.《济南市人民防空办公室关于进一步加强已建人防工程管理工作的通知》（济防办发〔2017〕3号），济南市人民防空办公室，2017年2月13日起实施

2.《关于进一步规范我市拆除人防工程设施审批工作的通知》（济防办发〔2017〕4号），济南市人民防空办公室，2017年2月13日起实施

3.《关于规范人民防空工程悬挂标志牌、指示牌、标识牌的通知》（济防办发〔2017〕5号），济南市人民防空办公室，2017年2月13日起实施

4.《济南市人民防空办公室关于加强人防工程设计审批工作的意见》（济防办发〔2018〕78号），济南市人民防空办公室，2018年10月1日起施行

5.《济南市人防工程建设领域从业单位监督管理办法》（济防办发〔2018〕97号），济南市人民防空办公室，2019年1月1日起实施

6.《济南市人民防空工程人防门安装技术导则》（试行）（济人防工〔2020〕10号），济南市人民防空办公室，2020年7月13日公布

7.关于修改《济南市人民政府关于加强防空警报设施管理工作的通告》的决定（济南市人民政府令第274号），济南市人民政府，2021年1月27日起施行

8.《关于进一步优化房屋建筑工程施工许可办理营商环境的通知》（济建发〔2021〕33号），济南市住房和城乡建设局、济南市人民防空办公室、济南市行政审批服务局，2021年6月29日起实施

贵州省人防工程资料目录
（包万明整理）

1.《省人民政府办公厅关于印发贵州省人民防空工程建设管理办法的通知》（黔府办发〔2020〕38号），贵州省人民政府办公厅，2020年12月30日起施行

2.《贵州省人民防空工程建设审批手册》，贵州省人民防空办公室，2019年10月

3.《关于贵州省防空地下室建设标准和易地建设费征收管理的通知》（黔人防通〔2015〕19号），贵州省人民防空办公室等单位，2015年5月29日起施行

4.《省人民防空办公室关于开展人防工程建设防化设备安装工作的通知》（黔人防通〔2018〕44号），贵州省人民防空办公室，2018年12月13日起施行

5.《省人民防空办公室关于转发工程建设项目审批制度改革有关配套文件的通知》（黔人防通〔2019〕37号），贵州省人民防空办公室，2019年9月30日起施行

6.《贵州省人民防空办公室关于更新〈贵州省常用人防设备产品信息价〉的通知》（黔人防通〔2020〕65号），贵州省人民防空办公室，2021年1月1日起施行

7.《省人民防空办公室关于对防空地下室建筑面积有关事宜的通知》（黔人防通〔2020〕18号），贵州省人民防空办公室，2020年3月26日起施行

8.《贵州省人民防空办公室关于规范防空地下室易地建设审批的通知》（黔人防通〔2020〕21号），贵州省人民防空办公室，2020年4月20日起施行

9.《贵州省人民防空办公室关于加强全省人民防空工程标识标牌设置工作的通知》（黔人防通〔2021〕4号），贵州省人民防空办公室，2021年3月1日起施行

四川省人防工程资料目录
（赵建辉整理）

1.《关于规范勘察设计项目成果报送电子文档命名及格式要求的通知》（川建勘设科发〔2017〕91号），四川省住房和城乡建设厅，2017年2月10日起实施

2.《关于调整我省防空地下室易地建设费标准的通知》（川发改价格〔2019〕358号），四川省发展和改革委员会、四川省财政厅、四川省人民防空办公室，2019年9月1日起实施

3.《四川省人民防空办公室关于明确物流项目修建防空地下室范围的通知》（川人防办〔2020〕75号），四川省人民防空办公室，2020年11月16日起实施

4.关于印发《成都市人防工程设计方案总平图编制规定》的通知（成防办发〔2019〕10号），成都市人民防空办公室，2019年3月6日起实施

5.关于印发《成都市人民防空工程平战转换规定》的通知（成防办〔2019〕59号），成都市人民防空办公室，2019年11月28日起实施

6.关于印发《成都市防空地下室应建面积计算标准》的通知（成防办发〔2020〕19号），成都市人民防空办公室，2020年9月21日起实施

7.关于印发《成都市防空地下室易地建设费征收管理办法》的通知（成防办发〔2020〕18号），成都市人民防空办公室，2020年9月30日起实施

8.《关于医院建设项目中人防医疗救护工程设置类别审批要求的通知》（成防办函〔2021〕24号），成都市人民防空办公室，2021年4月13日起实施

9.《成都市人民防空地下室设计标准》DBJ51/T 159—2021

云南省人防工程资料目录
（王永权整理）

1.云南省实施《中华人民共和国人民防空法》办法，1998年9月25日云南省第

九届人民代表大会常务委员会第五次会议通过，1998 年 9 月 25 日云南省第九届人民代表大会常务委员会公告第 5 号公布

2.《云南省人民防空建设资金管理办法》，云南省人民防空办公室，2002 年 1 月 1 日起施行

3.《云南省人民防空行政执法规定》，云南省人民防空办公室，2006 年 8 月 15 日起施行

4.《云南省人民防空工程平战功能转换管理办法》，云南省人民防空办公室，2012 年 4 月 1 日起施行

5.《关于调整我省防空地下室易地建设收费有关问题的通知》（云价综合〔2014〕42 号），云南省物价局、云南省财政厅、云南省人民防空办公室，2014 年 3 月 7 日起执行

6.《云南省人民防空办公室关于落实人防工程平战转换有关规定的通知》（云防办工〔2017〕28 号），云南省人民防空办公室，2017 年 8 月 1 日起实施

7.《昆明市人民防空工程建设管理规定》（昆明市人民政府公告第 48 号），昆明市人民政府，2009 年 9 月 7 日起施行

8.《昆明市公共地下空间平战结合人防工程建设管理办法》（昆政发〔2012〕96 号），昆明市人民政府，2012 年 12 月 10 日起施行

9.《昆明市人防机动指挥通信系统平时使用管理办法》（昆政办〔2013〕105 号），昆明市人民政府，2013 年 10 月 30 日起施行

10. 关于印发《昆明市人民防空地下室质量检测技术指南（试行）》的通知（昆人防〔2019〕26 号），昆明市人民防空办公室，2019 年 9 月 27 日起实施

11. 关于印发《昆明市防空地下室施工图审查技术指引（试行）》的通知（昆人防〔2019〕32 号），昆明市人民防空办公室，2019 年 12 月 12 日起实施

12.《关于承接昆明市中心城区人防工程建设行政审批监管服务事项的函》（昆人防函〔2020〕419 号），昆明市人民防空办公室，2021 年 1 月 1 日起实施

新疆维吾尔自治区人防工程资料目录
（沈菲菲整理）

一、设计、政策法规

1.《新疆维吾尔自治区人民防空工程平战转换技术规定（试行）》（新人防规〔2020〕2 号），新疆维吾尔自治区人民防空办公室，2021 年 1 月 1 日起施行

2.《新疆维吾尔自治区人民防空工程建设行政审批管理规定（试行）》（新人防规〔2020〕1 号），新疆维吾尔自治区人民防空办公室，2021 年 1 月 1 日起施行

3.《新疆维吾尔自治区城市防空地下室易地建设收费办法》（新发改规〔2021〕10 号），新疆维吾尔自治区发展和改革委员会、新疆维吾尔自治区财政厅、新疆维吾尔自治区住房和城乡建设厅、新疆维吾尔自治区人民防空办公室，2021 年 8 月 30 日起施行

二、施工与验收

1.《新疆维吾尔自治区人民防空工程人防标牌制作悬挂技术规定》，新疆维吾尔自治区人民防空办公室，2019 年 5 月 29 日发布

2.《新疆维吾尔自治区人民防空工程竣工验收备案管理规定（试行）》，新疆维吾尔自治区人民防空办公室，2019 年 5 月 29 日起施行

三、维护管理

1.《新疆维吾尔自治区人民防空重点城市警报通信设施建设管理规定（试行）》（新政发〔2003〕58 号），新疆维吾尔自治区人民政府、新疆军区，2003 年 7 月 25 日起施行

2.《新疆维吾尔自治区人民防空警报试鸣暂行规定》（新政发〔2005〕38 号），新疆维吾尔自治区人民政府，2005 年 6 月 1 日起施行

3.《关于落实人防工程防化设备质量监管的通知》，新疆维吾尔自治区人民防空办公室，2017 年 7 月 1 日起施行

4.《新疆维吾尔自治区人防专家库管理办法（暂行）》，新疆维吾尔自治区人民防空办公室，2019 年 5 月 29 日起施行

5.《新疆维吾尔自治区人民防空工程质量监督管理规定（试行）》（新人防规〔2020〕5 号），新疆维吾尔自治区人民防空办公室，2021 年 1 月 1 日起施行

四、其他

1.《新疆维吾尔自治区"人防工程 遗留问题"处理程序的意见》，新疆维吾尔自治区人民防空办公室，2017 年 3 月 13 日起施行

2.《自治区人民防空办公室"双随机一公开"工作实施细则（试行）》，新疆维吾尔自治区人民防空办公室，2018 年 11 月 5 日起施行

3.《关于自治区房屋建筑和市政基础设施工程施工图审查机构开展人防工程施工图审查有关问题的通知》，新疆维吾尔自治区人民防空办公室、新疆维吾尔自治区住房和城乡建设厅，2019 年 12 月 5 日起施行

吉林省人防工程资料目录
（刘健新整理）

1.《吉林省人民防空地下室防护（化）功能平战转换技术规程》，吉林省人民防空办公室，2016 年 10 月 20 日起实施

2.《吉林省玄武岩纤维防护设备选用图集》RFJ 01—2017（吉防办发〔2017〕92 号），吉林省人民防空办公室，2017 年 6 月 12 日起实施

3.《吉林省人防工程质量检测管理办法》，吉林省人民防空办公室，2017 年 8 月 11 日起实施

4.《吉林省附建式地下空间开发利用兼顾人防要求工程设计导则》，吉林省人民防空办公室，2018 年 6 月起实施

陕西省人防工程资料目录

（韩刚刚整理）

一、设计

（一）标准规范

1.《早期人民防空工程分类鉴定规程》DB 61/T 1019—2016

2.《城市地下空间兼顾人民防空工程设计规范》DB 61/T 1229—2019

3.《人民防空工程标识标准》DB 61/T 5006—2021

4.《人民防空工程防护设备安装技术规程 第一部分：人防门》DB 61/T 1230—2019

（二）政策法规

1.《陕西省实施〈中华人民共和国人民防空法〉办法》，1998 年 6 月 26 日陕西省第九届人民代表大会常务委员会第三次会议通过，2002 年 3 月 28 日第一次修正，2003 年 11 月 29 日第二次修正

2.《关于人防工程易地建设费收费标准的补充通知》（陕价费调发〔2004〕19 号），陕西省物价局财政厅，2004 年 6 月 16 日起实施

3.《关于重新核定人防工程易地建设费收费标准的通知》（陕价费调发〔2004〕12 号），陕西省物价局价格监测监督处，2004 年 12 月 21 日起实施

4.《陕西省人民防空办公室关于明确新建民用建筑修建防空地下室范围的通知》（陕人防发〔2021〕95 号），陕西省人民防空办公室，2022 年 1 月 1 日起实施

5.《陕西省人民防空办公室关于规范防空地下室易地建设费执行减免政策的通知》（陕人防发〔2020〕126 号），陕西省人民防空办公室，2020 年 11 月 9 日起实施

二、施工与验收

《陕西省开展房屋建筑和市政基础设施工程建设项目竣工联合竣工验收的实施方案（试行）》（陕建发〔2018〕400 号），陕西省住房和城乡建设厅、陕西省发展和改革委员会、陕西省国家安全厅、陕西省自然资源厅、陕西省广播电视局、陕西省人民防空办公室，2018 年 11 月 26 日发布

三、产品

1.《关于公示人防工程防护设备定点生产和安装企业目录的通告》，陕西省人民防空办公室，2021 年 11 月 4 日发布

2.《陕西省人防专用设备生产安装企业、检测机构质量行为监督管理措施》，陕西省人民防空办公室，2021 年 9 月 16 日发布

3.《关于人防工程防护设备定点生产和安装企业入陕登记的通告》，陕西省人民防空办公室，2021 年 9 月 22 日发布

四、造价定额

《陕西省人防工程标准定额站关于发布 2014 年陕西省人防工程防护设备质量检测信息价的通知》（陕防定字〔2014〕05 号），陕西省人民防空工程标准定额站，2014 年 10 月 25 日起实施

五、维护管理

《陕西省人防平战结合工程防火安全管理规定》，陕西省人民防空办公室，2016年3月22日发布

六、其他

1.《关于进一步加强西安市城市地下空间规划建设管理工作的实施意见》（市政办发〔2018〕2号），西安市人民政府办公厅，2018年1月10日起实施

2. 西安市人民防空办公室关于贯彻落实《关于规范人防工程防护设备检测机构资质认定工作的通知》的通知，西安市人民防空办公室，2018年7月18日起实施

3.《西安市"结建"人防工程建设审批管理规定》（市人防发〔2018〕42号），西安市人民防空办公室，2018年10月1日起实施

4.《关于认定施工图综合审查机构的通知》（陕建发〔2018〕242号），陕西省住房和城乡建设厅、陕西省公安消防总队、陕西省人民防空办公室，2018年8月10日起实施

5.《西安市人民防空办公室关于西安市人防结建审批执行埋深3米条件等有关问题的通知》（市人防发〔2020〕26号），西安市人民防空办公室，2020年5月20日起实施

甘肃省人防工程资料目录
（王辉平整理）

1.《甘肃省物价局 甘肃省财政厅 甘肃省人防办 甘肃省建设厅关于〈甘肃省防空地下室易地建设费收费实施办法〉的补充通知》（甘价服务〔2004〕第181号），甘肃省人民防空办公室，2004年6月28日起实施

2.《对人防工程防护设备定点生产企业管理规定的解读》，甘肃省人民防空办公室，2012年1月17日发布

3.《甘肃省人民防空行政处罚自由裁量权实施标准》（甘人防办发〔2015〕208号），甘肃省人民防空办公室，2015年12月4日起实施

4.《甘肃省人民防空工程平战结合管理规定》，甘肃省人民防空办公室，2020年1月10日发布施行

5.《甘肃省人民防空办公室关于进一步加强人防工程建设与管理的规定》（甘人防办发〔2020〕69号），甘肃省人民防空办公室，2020年10月1日起实施

6. 关于修订印发《甘肃省人防工程监理行政许可资质管理办法》的通知（甘人防办发〔2020〕93号），甘肃省人民防空办公室，2020年11月11日发布

广东省人防工程资料目录
（胡明智整理）

1.《广东省实施〈中华人民共和国人民防空法〉办法》，1998年7月29日广

东省第九届人民代表大会常务委员会公告第 12 号公布，1998 年 8 月 13 日起施行，2010 年 7 月 23 日修正

2.《广东省人民防空警报通信建设与管理规定》（粤府令第 82 号），广东省人民政府，2003 年 10 月 1 日起施行

3.《高校学生公寓和教师住宅建设项目缴纳人防工程建设费问题》（粤人防〔2004〕73 号），广东省人民防空办公室，2004 年 4 月 5 日

4.《关于明确新建民用建筑修建防空地下室标准的通知》（粤人防〔2010〕23 号），广东省人民防空办公室、广东省发展和改革委员会、广东省物价局、广东省财政厅、广东省住房和城乡建设厅，2010 年 1 月 26 日起实施

5.《关于开展人防工程挂牌管理工作的通知》（粤人防〔2010〕289 号），广东省人民防空办公室

6.《广东省人防工程防洪涝技术标准》（粤人防〔2010〕290 号），广东省人民防空办公室，2010 年 11 月 10 日起实施

7.《关于加强人防工程施工管理的意见》（粤人防〔2012〕105 号），广东省人民防空办公室

8.《广州市人民防空管理规定》，2013 年 8 月 28 日广州市第十四届人民代表大会常务委员会第二十次会议通过，2013 年 11 月 21 日广东省第十二届人民代表大会常务委员会第五次会议批准，2014 年 2 月 1 日起施行

9.《转发国家发改委等四部门关于防空地下室易地建设收费有关问题的通知》（粤人防〔2017〕117 号），广东省人民防空办公室，2017 年 6 月 2 日发布

10.《广东省单建式人防工程平时使用安全管理规定》的通知（粤人防〔2017〕177 号），广东省人民防空办公室，2017 年 8 月 4 日发布

11.《广东省人民防空办公室关于加强人防工程监理监督管理工作的意见》，广东省人民防空办公室，2018 年 3 月 3 日起实施

12.《广东省人防工程维护管理暂行规定》，广东省人民防空办公室，2018 年 10 月 10 日起实施

13.《关于规范结建式人防工程质量安全监督竣工验收备案工作的通知》（粤建质函〔2019〕1255 号），广东省住房和城乡建设厅，2019 年 12 月 2 日发布

14.《广东省人民防空办公室关于人民防空系统行政处罚自由裁量权实施办法》（粤人防〔2017〕127 号），广东省人民防空办公室，2020 年 2 月 26 日起实施

15.《广东省人民防空办公室关于征求规范城市新建民用建筑修建防空地下室意见的公告》（粤人防办〔2020〕72 号），广东省人民防空办公室，2020 年 6 月 19 日发布

16.《关于征求结建式人防工程质量监督工作指引（征求意见稿）意见的公告》（粤建公告〔2020〕62 号），广东省住房和城乡建设厅，2020 年 9 月 27 日发布

17.关于印发《结建式人防工程质量监督工作指引》的通知（粤建质〔2021〕146 号），广东省住房和城乡建设厅，广东省人民防空办公室，2021 年 9 月 14 日发布

18.《广州市地下综合管廊人民防空设计指引》，广州市民防办公室、广州市住房和城乡建设委员会，2017 年 5 月发布

19.《广州市住房和城乡建设局 广州市人民防空办公室关于人防工程设置标志牌的通知》（穗建规字〔2021〕9 号），广州市住房和城乡建设局、广州市人民防空办公室，2021 年 9 月 2 日发布

20. 佛山市人民防空办公室关于印发《防空地下室施工图设计文件审查技术指引（试行）》的通知（佛人防〔2017〕121 号），2017 年 10 月 30 日发布

21.《汕头市人民防空管理办法》，汕头市人民政府办公室，2011 年 2 月 25 日印发

美国防护工程设计标准等资料目录
（陈雷整理）

1.《防核武器设施设计：设施系统工程》（Designing facilities to resist nuclear weapon effects：facilities system engineering），TM 5-858-1，美国陆军部，1983 年 10 月公开

2.《防核武器设施设计：武器效应》（Designing facilities to resist nuclear weapon effects：weapon effects），TM 5-858-2，美国陆军部，1984 年 7 月 6 日公开

3.《防核武器设施设计：结构》（Designing facilities to resist nuclear weapon effects：structures），TM 5-858-3，美国陆军部，1984 年 7 月 6 日公开

4.《防核武器设施设计：隔震系统》（Designing facilities to resist nuclear weapon effects：shock isolation systems），TM 5-858-4，美国陆军部，1984 年 6 月 11 日公开

5.《防核武器设施设计：通风防护，加固，穿透防护，液压波防护设备，电磁脉冲防护设备》（Designing facilities to resist nuclear weapon effects：air entrainment，fasteners，penetration protection，hydraulic-surge protective devices，EMP protective devices），TM 5-858-5，美国陆军部，1983 年 12 月 15 日公开（EMP，the electromagnetic pulse 的简写）

6.《防核武器设施设计：硬度验证》（Designing facilities to resist nuclear weapon effects：hardness verification），TM 5-858-6，美国陆军部，1984 年 8 月 31 日公开

7.《防核武器设施设计：设施支持系统》（Designing facilities to resist nuclear weapon effects：facility support systems），TM 5-858-7，美国陆军部，1983 年 10 月 15 日公开

8.《防核武器设施设计：说明性示例》（Designing facilities to resist nuclear weapon effects：illustrative examples），TM 5-858-8，美国陆军部，1985 年 8 月 14 日公开

9.《设施系统工程：防核武器设施设计》（Facilities system engineering：designing facilities to resist nuclear weapon effects），UFC 3-350-10AN，美国国防部，2009 年 4 月 8 日修订，取代：TM 5-858-1

10.《武器效应：防核武器设施设计》（Weapons effects：designing facilities to resist nuclear weapon effects），UFC 3-350-03AN，美国国防部，2009 年 4 月 8 日修订，取代：TM 5-858-2

11.《结构：防核武器设施设计》（Structures：designing facilities to resist nuclear weapon effects），UFC 3-350-04AN，美国国防部，2009 年 4 月 8 日修订，取代：TM 5-858-3

12.《隔震系统：防核武器设施设计》（Shock isolation systems：designing facilities to resist nuclear weapon effects），UFC 3-350-05AN，美国国防部，2009 年 4 月 8 日修订，取代：TM 5-858-4

13.《通风防护，加固，穿透防护，液压波防护设备，电磁脉冲防护设备：防核武器设施设计》（Air entrainment，fasteners，penetration protection，hydraulic-surge protection devices，and EMP protective devices：designing facilities to resist nuclear weapon effects），UFC 3-350-06AN，美国国防部，2009 年 4 月 8 日修订，取代 TM 5-858-5

14.《硬度验证：防核武器设施设计》（Hardness verification：designing facilities to resist nuclear weapon effects），UFC 3-350-07AN，美国国防部，2009 年 4 月 8 日修订，取代：TM 5-858-6

15.《设施支持系统：防核武器设施设计》（Facility support systems：Designing facilities to resist nuclear weapon effects），UFC 3-350-08AN，美国国防部，2009 年 4 月 8 日修订，取代：TM 5-858-7

16.《说明性示例：防核武器设施设计》（Illustrative examples：designing facilities to resist nuclear weapon effects），UFC 3-350-09AN，美国国防部，2009 年 4 月 8 日修订，取代：TM 5-858-8

17.《促进核设施退役的总体设计标准》（General design criteria to facilitate the decommissioning of nuclear facilities），TM 5-801-10，美国陆军部，1992 年 4 月 3 日公开

18.《防常规武器防护工程设计与分析》（Design and analysis of hardened structures to conventional weapons effects），UFC 3-340-01，美国国防部，2002 年 6 月 30 日公开

19.《防护工程供热、通风与空调设施标准》（Heating，ventilating and air conditioning of hardened installations）UFC3-410-03FA，美国国防部，1986 年 11 月 29 日编制，2007 年 12 月公开

参考文献

[1] 王金全．地下建筑供电 [M]．北京：中国电力出版社，2012.

[2] 住房和城乡建设部工程质量安全监管司．全国民用建筑工程设计技术措施：防空地下室 2009JSCS—6[M]．北京：中国计划出版社，2009.

[3] 方志刚．人民防空工程电气设计 [M]．北京：中国计划出版社，2006.

[4] 邢建春．人民防空工程智能化系统设计 [M]．北京：中国计划出版社，2006.